JN023424

# 地理的表示保護制度の活用戦略

## 地名と歴史を販売戦略に活かす

東京理科大学大学院教授

生越　由美 [著]

一般社団法人 金融財政事情研究会

# まえがき

　2015年、日本政府は「農産物・加工品」の信用を保護する「地理的表示保護（GI）制度」（農林水産省）を導入した。1995年に施行した「酒類」のGI制度（国税庁）と併存している。地域の産業振興が日本の喫緊の課題であるのに、日本人の多くはGI制度の存在や価値を知らない。このままでは日本の未来の可能性を狭めるので、本書を執筆することにした。

　今、GI制度には、追い風が吹いている。2019年に発効した「日EU経済連携協定」だ。この条約により、日本のGI産品（農産物・加工品、酒類）について、EU域内でもGI商品として認められるルートができた。EUの4億5,000万人の市場に、日本の地域の産品が販売しやすくなっている。

　筆者は1982年から通商産業省（現経済産業省）特許庁で特許の審査・審判官をしていた。1997年からは審判部書記課（現審判課）の課長補佐になり、意匠や商標の審判事件についても、外国大使館からクレームを受けていた。とりわけ欧州の某大使館からの「わが国の財産である地名（著名でない村の地名）を、日本政府が商標登録するのは間違っている」というクレームには困った。商標法上の問題はないが何とか対応してほしいとの要請だった。また、会議が始まるまでは流ちょうな日本語で雑談していたのに、会議が始まると母国語で真剣に情熱的に主張する外交官の姿に、彼らの要請の根底を流れる理念は何かと考え続けてきた。

　2003年10月に政策研究大学院大学に異動し、地方自治体職員の社会人学生に知的財産を教える経験を通じて、地域ブランドの可能性を実感した。国家公務員を辞めて、2005年4月に東京理科大学の専門職大学院（知財戦略専攻：MIP）に移籍した。2006年に特許庁が「地域団体商標制度」を創設したことを受け、地方で説明する機会が増えた。47都道府県を回りながら、地域の産業資源を実際に学ぶ機会を得た。

　2018年から専門職大学院（技術経営専攻：MOT）に属し、学際領域の

重要性を学んだ。マーケティングで有名なコトラーでさえ、当初は知的財産の重要性をあまり理解していなかった。多数のマーケティングの本を読んだが、商標の紹介が少しあるだけ。また、どの本も高度で精緻な議論が多く、ビジネスに実装することはかなり難しい。農業協同組合や漁業協同組合などで講演した際、マーケティング戦略の推薦図書はあるかと聞かれるたびに答えに窮した。そこで、マーケティング戦略は基本の基本だけで本書は書くことにした。ブランディング戦略も同様。ビジネスが立ち上がったら、高度なマーケティング戦略などを駆使してほしい。

また、知的財産の業界からマーケティングへのアプローチも重要だ。知的財産の専門家は権利取得に主眼を置いており、マーケティング戦略等まで視野に入れている者はまだまだ少ない。現在、日本弁理士会はマーケティング戦略などの分野の研修にかなり力を入れている。本書が知的財産とマーケティングとブランディングの境界を破壊する一助になればと考えている。

本書の執筆にあたり、多くのことを教えていただいたすべての皆様に、心より感謝申し上げたい。特に、田中章雄氏（株式会社ブランド総合研究所取締役）から「地域ブランドの本質」について、内藤恵久氏（農林水産政策研究所上席主任研究官）から農林水産省資料を通して「日本の地理的表示保護制度の創設」について、浅野卓氏（アグリ創研株式会社代表取締役社長、MIP修了生）から「地理的表示の明細書の実態」についてご教示していただいた。

また、MIP・MOTの生越由美研究室の現役生・修了生137名からは「海外のGI制度、国内外の地域資源、組合に対するアンケート、ビジネスの常識」等、彼らの多くの研究を通して教えていただいた。特に、楠大倫氏にはMIPペーパー（修士論文）から「野菜・米・花」等の誕生年に関するデータを提供していただいた（データのミスなどがあればすべて指導教員の筆者の責任である）。

荒井寿光氏（元特許庁長官）、故佐々木信夫氏（元特許技監）、馬場錬成

氏（認定NPO法人21世紀構想研究会理事長）には長年のご指導に心から感謝したい。

　心身ともに健康で90歳を迎えた母の薫子にも心から感謝したい。

　そして、本書の企画段階からさまざまな形でご尽力いただいた株式会社きんざい出版部の山本敦子氏に深く感謝したい。

2023年1月　　　　　　　　　　　　　　　　　　東京理科大学大学院

　　　　　　　　　　　　　　　　　　　　　　　教授　生越　由美

## 略称一覧

| 正式名称 | 略称 |
|---|---|
| 特定農林水産物等の名称の保護に関する法律 | 地理的表示法→GI法 |
| 欧州委員会（European Commission） | EC |
| 欧州連合（European Union） | EU |
| 地理的表示（Geographical Indication） | GI |
| 地理的表示保護 | |
| 地理的表示保護制度 | GI制度 |
| 世界貿易機関（World Trade Organization） | WTO |
| 原産地呼称保護（Protected Designation of Origin） | PDO |
| 地理的表示保護（Protected Geographical Indication） | PGI |
| 伝統的特産品保証（Traditional Specialties Guaranteed） | TSG |
| 原産地呼称制度（Appellation d'Origine Contrôlée） | AOC |
| 国立原産地名称研究所（Institut National des Appellations d'Origine）、2007年1月1日以降は、国立原産地品質研究所（Institut national de l'origine et de la qualité）に改名（注）　略称はともに、INAO | INAO |
| シャンパーニュ委員会（Comité interprofessionnel du vin de Champagne） | CIVC |
| 知的所有権の貿易関連の側面に関する協定（Agreement on Trade-Related Aspects of Intellectual Property Rights） | TRIPS協定 |
| 欧州連合知的財産庁（European Union Intellectual Property Office） | EUIPO |
| シルクロード経済ベルトと21世紀海洋シルクロード | 一帯一路 |

# 目　次

## 第 3 章

# 欧州のGI制度と事例研究

## 第 4 章
## 日本のGI制度と事例研究

第 5 章

# 中国、北米、オーストラリアのGI産品と歴史、販売戦略

## 第 6 章
## ま と め

序章

地名は財産

# 1 社会の変化と地域資源

　近年、日本人の価値観が変わってきた。2020年頃から世界に打撃を与えた新型コロナウイルス感染症の影響も大きいが、「通勤は本当に必要か。在宅勤務で十分ではないか」「田舎暮らしをする芸能人に憧れる」「発酵食品を手作りして健康に留意したい」などの声をよく聞く。テレビや雑誌の特集記事を眺めても、一昔前には言葉さえ存在しなかったテーマが溢れている。

　今や、「大量生産・大量流通・大量消費」の社会には魅力を全く感じない。大きな車に乗ってガソリンを撒き散らして、無駄な包装を要求して、ゴミをたくさん捨てるのがリッチな生活であるなんて思わなくなった。環境に配慮して、エコシステムを働かせたいと願っている。着なくなった洋服はリサイクルしたい、昭和レトロな洋服を購入したいと考えている。なぜだろう。

　「Society5.0」というピラミッド構造で説明できることに気が付いた

図表序－１　社会の変遷（Society5.0）

超スマート社会

情報社会

工業社会

農耕社会

狩猟社会

（出典）　筆者作成

（図表序－１）。

　Society5.0とは、「狩猟社会」「農耕社会」「工業社会」「情報社会」「超スマート社会」の５層が重畳的に重なっている、日本でよく使用されている社会モデルである。社会の変化に応じて、人間の価値観は大きく変わる。

## ①　狩猟社会から農耕社会へ

　「狩猟社会」では、動物や魚を捕獲し、植物の実などを採取して人類は生き延びてきた。縄文時代は狩猟社会の末期と考えられている。縄文土器は調理道具としても使用され、植物、肉、魚、貝（牡蠣なども）などの栄養のある食糧を煮炊きして食べていたという。

　「農耕社会」は、１万～１万5,000年前から始まった。人類が「農業」を発明したことに始まる。農耕社会では人類の生存率が飛躍的に高まった。米や小麦の備蓄が可能となり、貧富の差が生じ始め、貨幣制度も誕生した。日本では弥生時代以降である。農耕社会では「情報」は「公共財」だった。「いつ田植えをすればよいのか」「どのキノコには毒があるのか」などの情報は皆の財産だった。このため、「情報の囲い込みは悪、情報の共有は善」と思われていた[1]。

## ②　工業社会から情報社会、超スマート社会へ

　18世紀末から始まった産業革命により、工業が経済の中心となった。「工業社会」の誕生である。多くの発明が誕生し、アイデアは「私有財」

---

1　現在でも、農業・漁業・林業の関係者には「情報の囲い込みは悪、情報の共有は善」という考え方が比較的多い。昔、山形の農家がさくらんぼの紅秀峰の穂木を、オーストラリア人に「美味しいよ」と悪気なくプレゼントした。相手はオーストラリアで大量生産し、日本に逆輸入しようとして刑事告訴に発展した。種苗法の範疇だが、いちご、ぶどうなどの優秀な遺伝子が海外に流出して問題となっている。海外で権利取得をしていないこと、悪意のある流出業者がいること、悪意なく流出させる農家のあることが３大発生原因と考える。日本の優秀な農業技術の情報を狙っている国が多いので気を付けてほしい。

図表序-2 社会の中心価値の変遷

| 社会 | 農耕社会 | 工業社会 | 情報社会 | 超スマート社会 |
|---|---|---|---|---|
| 中心価値 | 食糧 | 富 | ゆたかな時間 | ? |
| 情報の位置づけ | 公共財 | 私有財 | 地域財 | ?財 |

（出典）　筆者作成

という考え方が生まれた。ドラッカーは、「活版印刷の発明は、書物の大量生産をもたらし、社会を一新し、文明を生んだ。印刷本の出現こそ真の情報革命だった。近代を生んだものは蒸気機関ではなくこの印刷本だった[2]。」と指摘した。グーテンベルグの「活版印刷技術」は情報を世界中に届けることを可能とし、「大量生産・大量流通・大量消費」の社会に変革した。このため、「富」が社会の中心価値となった。

　1962年の『知識産業論』（F・マハループ）と『情報産業論』（梅棹忠夫）、1968年の『知識産業革命』（坂本二郎）、1975年の『脱工業社会の到来』（D・ベル）などが、「情報社会（知識社会ともいう）」の到来を予想していた。情報社会の中心価値は「ゆたかな時間」と筆者は考えている（図表序-2）。このゆたかな時間を満たす要素の1つが「地域資源」である。

　地域資源とは、農林水産物、食文化、伝統工芸品、祭りなどの資源である。その地域の地理、歴史はもちろん、気候、水、土壌、乾燥度合いなどのテロワール[3]、地域に関与した人間などによって地域の特色が生まれる。これらを示す言葉には「地名」が入ることが多い。情報の位置づけとして

---

2　P・F・ドラッカー『テクノロジストの条件』ダイヤモンド社、2005年、i頁

3　テロワール（Terroir）：土地を意味するフランス語（terre）の派生語。ワイン、コーヒー、茶などの品種における、生育地の地理、地勢、気候による特徴を指す。同じ地域の農地は土壌、気候、地形、農業技術が共通するため、作物に土地特有の性格を与える。日本語では「生育環境」「産地特性」ともいう。

「地域財」が重要となり、地名の争奪戦が起こっている。地名を自由に使用できるのは誰か。国や地方自治体以外でも使用できる条件は何か[4]。

　現在、この情報社会から、人工知能（AI）、デジタルトランスフォーメーション（DX）が発展する「超スマート社会」への移行途中である[5]。超スマート社会の中心価値はまだ分からない。今後の社会の変化が楽しみだ。

## 2　地名は財産

　「地名は財産」と聞くと、驚かれるだろう。「神戸ビーフ」「宇都宮餃子」などの具体例をあげると、「なるほど」と理解される方は多いと思う。地名には企業名と同様に「ブランド価値」がある。だから「財産」である。

　日本では2000年前後から、「地名（地域）ブランド」の話題が急に増えた。例えば、「宇都宮餃子」。テレビ東京の番組とタイアップして、認知度を急速に高め、現在では多くの日本人に知られる存在となった[6]。

　その後、「Ｂ－１グランプリ（ビーワン・グランプリ）[7]」が誕生した。

---

4　後述するＢ－１グランプリに参加している組織が取得している商標権の権利者を調査したところ、半分くらいが現在の会長だった。世代交代時に商標権の移転が適切に行われればよいが、会長の相続人が欲を出すとトラブルになることが予想される。地域財は誰のものかが議論になるだろう。

5　Society5.0は新しい社会が誕生すると、下の層の社会がなくなるという意味ではない。地球規模では「重畳的」に並存している。アフリカの奥地は、今もなお「狩猟社会」。開発途上国の一部は「工業社会」である。先進国の多くは「情報社会」から「超スマート社会」に移行する途中である。異なる社会が国内でも並存しているので留意されたい。

6　五十嵐幸子『秘訣は官民一体 ひと皿200円の町おこし（小学館101新書19）』小学館、2009年

7　Ｂ－１グランプリとは、地元の人に愛されている安くて美味しいご当地グルメを世に広めていくための町おこしイベントである。Ｂ－１グランプリウェブサイト（https://www.b-1grandprix.com/about/）

八戸せんべい汁研究所が、「このままでは東北止まり。全国ブランド化のために何をすれば…」と考えて、地元を振興するために、地元で愛食されている「八戸せんべい汁」を食べるイベントを仕掛けた。地元の年長者たちは「高級食材を使った御馳走の料理ではないから世間に宣伝するのは恥ずかしい」と止めたそうだ。ところが、2006年2月に、この研究所の企画プロデュースにより、日本全国から地元を愛する10団体を集めて同イベントを開催すると、2日間で1万7,000人も青森県八戸市に集結して、せんべい汁を堪能した（八戸市の人口は23万人）。人々の熱狂に主催者も驚いたという。

　以降、2015年までは毎年1回開催し、2019年に4年ぶりに再開された（図表序－3）。参加者の急増に驚かされる。500円くらいの安いご当地グルメを食べに、何万円もの交通費と宿泊費をかけて、多くの人が日本中から駆け付ける。第10回の十和田では、市の人口が6.3万人のところ、5倍以上の参加者が集まった。このユニークな取組みは日本の新しい祭りだ。

　日本の食材や料理には、欧州のそれに匹敵する（場合によってはそれを超える）ものがたくさんあるが、日本はグローバルビジネスに日本の食材をほとんど活用していない。今や、欧州産のワイン、チーズ、生ハム、パスタは、日本の通常の食卓に並ぶ定番商品にもなっている。反対に、欧州では、日本の醤油、味噌、豆腐、漬物などは、普通の欧州の食卓には上らない。キッコーマンの醤油は米国工場やオランダ工場で生産されているが、日本の醤油と異なるものである。1972年のポール・ボキューズの来日以降、欧米のトップクラスのシェフやグルメが日本の食材の美味しさに気が付き始めたが主流ではない。

　「今が駄目だから将来も駄目」とビジネスを諦める必要はない。1991年、カナダは輸出振興団体「カナダポーク・インターナショナル[8]」を作った。2000年頃、日本のスーパーに定着し、現在はスーパーの売り場面積を増やしている。

　本書は、「欧州の農産物やワインのビジネスの戦略を解き明かすので、

図表序－3　B－1グランプリ開催記録

| 回 | 開催年月 | 開催場所 | 出展数 | 参加者数 |
|---|---|---|---|---|
| 第1回 | 2006年2月 | 青森県八戸市 | 10 | 1.7万人 |
| 第2回 | 2007年6月 | 静岡県富士宮市 | 21 | 25万人 |
| 第3回 | 2008年11月 | 福岡県久留米市 | 24 | 20.3万人 |
| 第4回 | 2009年9月 | 秋田県横手市 | 26 | 26.7万人 |
| 第5回 | 2010年9月 | 神奈川県厚木市 | 46 | 43.5万人 |
| 第6回 | 2011年11月 | 兵庫県姫路市 | 63 | 51.5万人 |
| 第7回 | 2012年10月 | 福岡県北九州市 | 63 | 61万人 |
| 第8回 | 2013年11月 | 愛知県豊川市 | 64 | 58.1万人 |
| 第9回 | 2014年10月 | 福島県郡山市 | 59 | 45.3万人 |
| 第10回 | 2015年10月 | 青森県十和田市 | 62 | 33.4万人 |
| 特別大会 | 2016年12月 | 東京都江東区 | 56 | 20.2万人 |
| 第11回 | 2019年11月 | 兵庫県明石市 | 55 | 31.4万人 |

（出典）　筆者作成

これから一緒に頑張りましょう」と言うために書くことにした。

　筆者は特許庁で審査官・審判官や法改正担当を20年以上、大学で研究者として19年以上、地方自治体の職員、企業で働く方、若い弁理士・弁護士の方々と知財戦略を一緒に考えて実行してきた。今も毎日のように、「地理的表示や地域団体商標を取得したけれど、商品やサービスが全く売れない」という相談を受けている。権利の取得は、マーケティング戦略とブラ

---

**8**　カナダポーク・インターナショナル（CPI）：1991年に設立されたカナダ豚肉業界の輸出振興団体である。豚肉加工業者・輸出業者を代表するカナダ食肉協議会（Canadian Meat Council/CMC）および肉豚農家の全国組織であるカナダ養豚協議会（Canadian Pork Council/CPC）が共同で設立した（https://canadapork.com/japan/index.htm）。

ンディング戦略の最初のステップに過ぎない。このことをご理解いただく
ために、欧州の戦略を解き明かしながらビジュアル的に分かりやすく説明
したい。

　日本の食材や料理をグローバルビジネスにするのは、単に儲けることが
目標ではない。日本の食材や料理（塩分に注意が必要だが食物繊維は豊
富）を普及させることによって、世界中の人を健康にできるという側面も
ある。日本の生産者の皆さまには、志を高く持ち、明るく、楽しく頑張っ
ていただきたい。

　それでは、地名と歴史を販売戦略に活かす方策をみていこう。

第 **1** 章

# 地理的表示保護制度（GI制度）
## ──EUの戦略

# 750億ユーロ（約11兆円）のEUの宝物[1]

　2020年4月20日、欧州委員会（以下「EC」）[2]は、欧州連合（以下「EU」）が地理的表示（以下「GI」）で保護している農産物・食品や酒類などの商品の年間の売上高は、「747億6,000万ユーロ（約10兆7,729万円[3]）」であると調査報告書を発表した[4]。この報告書のプレスリリースのタイトルが「750億ユーロのEUの宝物」だった。売上高の5分の1以上がEU域外への輸出であるという。GI産品だけで149億5,200万ユーロ（約2兆円）以上の外貨を稼いでいる。

　また、GI産品の販売価格は、GI保護のない普通の製品の販売価格の平均2倍と結論された。GI産品の高い品質、評判、本物の商品が入手できることに、消費者は喜んで高い価格を払うのである。GIは安売り競争に巻き込まれないための戦略になる。通常の商品に比べて、GI産品のワインは2.85倍、スピリッツは2.52倍、農産物・食品は1.5倍で販売されている。

　他方、「2021年EUの農産品・食品の貿易報告書[5]」によると、EU域外への農産品・食品（GI産品を含む）の輸出額は1,980億ユーロ（28兆5,318億円）だった。貿易黒字の増加は、ワイン（法律上の表記は「ぶどう酒」）、蒸留酒、チョコレートなどの高付加価値食品の輸出が好調だったためと分

---

1　https://ec.europa.eu/commission/presscorner/detail/en/ip_20_683
2　欧州委員会（EC）は、欧州連合（EU）の政策執行機関。法案の提出や決定事項の実施、基本条約の支持など、EUの平時の行財政運営を担当している。
3　1ユーロ＝144.10円で換算（2022年11月15日現在）。
4　2017年末時点で28カ国のEU加盟国でGI保護されていた3,207産品について調査したもの（2020年3月末までに、総数3,322産品に増加）。
5　2022年3月23日に発表されたEUの2021年「農産品・食品の貿易報告書」（https://agriculture.ec.europa.eu/system/files/2022-03/monitoring-agri-food-trade_dec2021_en_0.pdf）

析している。

　農産品・食品の総輸出額の7.6%がGI産品であり、通常の産品の２倍の価格である。「750億ユーロのEUの宝物」といいたくなる気持ちは分かる。

　ちなみに、日本政府は農産物の輸出額を2025年までに２兆円、2030年までに５兆円にする目標を掲げている。日本のこの輸出戦略は始まったばかりである。成長する可能性は高いと思われる。

## 2　地理的表示保護制度（GI制度）の概要

　GIとは、「農林水産物・食品、酒類などの名称で、その名称から当該産品の産地を特定でき、産品の品質や社会的評価等の確立した特性が当該産地と結びついているということを特定できる名称の表示」を指す。EUは「地理的表示保護制度」（以下「GI制度」）を世界に普及することをリードしている。それはなぜか。EUはパルマハム、ブルーチーズなどの伝統的な製法で作られる美味しい食材や、テロワールを誇るワインなどを海外に輸出して大いに稼いでいるからである。ここに偽物が入りこむことを排除したい。このため、本物を守るGI制度を世界中の国々に整備したいと考えている。

　GI制度は国や地域によって異なるが、概要は共通している。長年にわたり食材・酒などを生産している組合に、伝統的な製造方法や管理方法を「明細書」に作成させ、この明細書の製造・管理方法を遵守させる代わりに、「地名＋商品名」からなる「地理的表示（＝地名ブランド）」の使用を認め、他者には使用を禁止する制度である。

　現在、EUではEU域内の国からのGI申請はもちろん、世界中の国からのGI申請を認めている。中国もGI申請を「シルクロード経済ベルトと21世紀海洋シルクロード」（以下「一帯一路」）の戦略の要に据えて、欧州市

場を介して世界市場を狙っている。2021年には、中国産のワイン、茶、果物など100産品のGIがまとめてEUで登録されて、現在は110産品に至っている。EUでGIとして登録されているため、中国の産品は高級品として、欧州、アジア、アフリカなどで販売を拡大している。

　日本はどうか。「農産物」のGI保護については、2015年6月から「特定農林水産物等の名称の保護に関する法律（地理的表示法）」で保護が始まった。「酒類」のGIについては、「酒税の保全及び酒類業組合等に関する法律」という国税庁が管轄する別制度で保護されている。しかし、日本国民の多くはこれらのGI制度を知らない。制度を知らなければ、ビジネスに活かす者も出ない。これは大きな日本の課題である。

　現在、日本がEUでGIを取得した農産物・食品は122産品である[6]が、グローバルに販売する体制はまだまだとれていないようだ。

　2019年2月1日、日本の国会とEUの欧州議会の承認を経て、「日EU経済連携協定[7]」が発効した。条約の発効時に、日本の農産物・食品は47産品、酒類は8産品の呼称がEUでGIとして保護されるようになった。2021年2月1日、2022年2月1日にも日本の農産物・食品、酒類が追加でGI保護されることとなった。今後も保護対象を拡大するための交渉が続く。今、日本はGI制度を活用したグローバル展開を始めたばかりである。

## 3　ブランドを育てたパリ万博

　GI制度はいつ頃誕生したのか。法制度は20世紀の初めであるが、誕生

---

6　農林水産省ウェブサイト（2022年11月15日時点、https://www.maff.go.jp/j/shokusan/gi_act/register/index.html）

7　外務省ウェブサイト（https://www.mofa.go.jp/mofaj/gaiko/page6_000042.html）

の契機はロンドン開催に次ぐ第2回の「パリ万国博覧会」（1855年）だった。当時、英国とフランスは覇権を争っており、博覧会の開催でも国の威信を賭けて競っていた。

## ① 1851年第1回万国博覧会（第1回ロンドン万博）

1851年、英国が世界で初めてロンドンで「万国博覧会」を開催した。ビクトリア女王と夫君のアルバート公（ザクセン公国、現ドイツ出身）は、世界中の発明品や有名な商品をロンドンに集めて英国国民の職業教育の一助とした。優れた物をみせて優れた物を作ってもらうことが狙いだった。

当時の英国は18世紀末から始まった産業革命により農業から工業に産業シフトが起こっていた。英国はこの万博を開催することで、圧倒的な工業力を世界に知らしめた。出品者は1万3,937人、大英帝国からの出展品が半数以上を占めた。出展品は、鉱物・化学薬品などの原料部門、機械・土木などの機械部門、ガラス・陶器などの製品部門、美術部門（絵画を除

ヴィクトリア女王の像（英国、ロンドン）

（出典）　https://pixabay.com/fr/より取得

第1回ロンドン万国博覧会
水晶宮前景（斜め前方、近景）

第1回ロンドン万国博覧会
水晶宮内部（噴水・正面より）

（出典）Tallis, J. et al.: Tallis's history and description of the Crystal Palace［1851?］、国立国会図書館ウェブサイト「博覧会——近代技術の展示場」より転載

（出典）The Illustrated exhibitor［1851?］、国立国会図書館ウェブサイト「博覧会——近代技術の展示場」より転載

く）のように分類されていた。入場者数は603万9,000人（有料入場者のみ）で、英国の国民の何と85％がロンドン万博をみたといわれる。大衆を動員できた背景には、鉄道およびメディアの急速な発達がある。万博に行くための積立制度などもトーマス・クックが発明した。万博は大成功を収めた。特に、当時のハイテク素材であった鉄とガラスで作られ、樹木を覆いつくすほどの高さの「水晶宮（クリスタルパレス）」に国民は熱狂した。

## ② 1855年第2回万国博覧会（第1回パリ万博）

これを悔しくみていたのが、フランスの皇帝ナポレオン3世である。4年後の1855年、ナポレオン3世はクリミア戦争（1854〜1856年）中でありながら、パリで第2回万国博覧会を開催し、英国に対抗した。

シャンゼリゼに建設した産業館は幅108m、長さ250m、高さ35mと、ロンドン万博の水晶宮の半分に満たない大きさだった。宝飾品は隣接する「円形会場（ロトンド）」に収容された。セーヌ川沿いに設けた長さ1,200

ナポレオン三世
Winterhalter Franz Xaver
(1805-1873)(d'après),
Kwiatkovski Teofil (1809-
1891)
**L'empereur Napoléon III**
Paris, musée d'Orsay

皇后ウジェニー
Winterhalter Franz Xaver (1805-
1873)(d'après)
**Portrait de l'impératrice
Eugénie**
Compiègne, château

Photo (C) RMN-Grand Palais
(musée d'Orsay)/Adrien Di-
dierjean/distributed by AMF

Photo (C) RMN-Grand Palais (do-
maine de Compiègne)/Franck
Raux/distributed by AMF

mの「機械館（アネックス）」には工業製品を展示した。労働者への実物
教育という観点から、蒸気機関車、蒸気船等の大型機械が実際に稼動して
いる様子をみることができるようにした。参加国25カ国、出展品5万点、
褒章授与式では合計1.1万人の出展者にメダルが授与された。来場者数は
516万人とロンドン万博を約88万人も下回り、そして赤字に終わった。

　しかし政治的には成功した。当時のナポレオン3世は、内政面ではパリ
改造計画、近代金融の確立、鉄道網敷設など、外交ではクリミア戦争に
よってウィーン体制を終焉させ、アフリカ・アジアに植民地を拡大する最

中であった。英国のビクトリア女王夫妻がパリ万博に来訪することにより、第二帝政を正式に認知させることに成功した。首都のパリは政治、経済、文化的優位性を国際社会にアピールすることができた。

　ナポレオン3世と皇后ウジェニー（スペイン出身）は、フランスのメーカーが世界ブランドになるチャンスを万博で作った。「ボルドーワイン」を農産部門の目玉商品として世界に強烈に宣伝した。ナポレオン3世は、この万博を契機にボルドーワインの格付けを命じておいた。ボルドー市は商工会議所に依頼し、仲買人組合がワインの格付けを行った。クリスタルガラス・メーカー「バカラ（Baccarat）社」は、1855年、1867年、1878年の各パリ万博において3度も「グラン・プリ」を受賞し、王室の御用達ともなり、さらにブランドを高めた。銀食器メーカーの「クリストフル（Christofle）社」も同様である。1855年、1867年のパリ万博において

第2回パリ万国博覧会
鳥瞰図（シャンゼリゼから）

（出典）　L'illustration v.26（1855.11.17）、国立
　　　　国会図書館ウェブサイト「博覧会——近
　　　　代技術の展示場」より転載

第2回パリ万国博覧会
機械館Annex内部

（出典）　L'illustration v.25
　　　　（1855.6.30）、国立国
　　　　会図書館ウェブサイ
　　　　ト「博覧会——近代
　　　　技術の展示場」より
　　　　転載

「グラン・プリ」を獲得し、それをきっかけにナポレオン3世は1,200人分の銀食器を注文した。1867年パリ万博のセレモニーでこの銀食器が使われたことが契機となり国際的な評価を得た。「ルイ・ヴィトン（Louis Vuitton）社」は、創業時は皇后ウジェニーのために「針金の入ったふんわりしたスカートを収納する箱」などを製作していた。その後、鉄道の発達により個人旅行が普及した時勢にのってトランクを発明[8]・製造し、1867年パリ万博において銅賞を受賞した。1889年のパリ万博ではダミエライン（市松模様）で金賞を受賞した。

このように、万博で「グラン・プリ」を受賞し、ブランドとしての地位を確立し、今も続いているメーカーはかなりたくさんある。パリ万博はブランドを誕生させる「孵卵器（インキュベーター）」となった。このように、ナポレオン3世は産業振興に大変熱心だった。

 **4** 「ワインの原産地を保護する法律」の制定

国内外で販売量が急増したボルドーワインは繁栄の頂点を迎えたが、その後は大きな災難に巻き込まれていく。昔も今も、有名になると偽物が製造され、本物の生産者は二重三重に苦しめられる。

### ① ボルドーワインの繁栄と災難

1855年のパリ万博の後、ボルドーワインはドイツ、スカンジナビア、ベ

---

8　当時は馬車旅行が主流の時代だったが、今後は船や機関車での移動が増えると予想したルイ・ヴィトンは、馬車の後ろに積んだときに雨が垂れるよう丸みを帯びた「蓋の丸いトランク」から、室内で積み上げることができる「平らなトランク」を発明した。また一般的なトランクに比べ、ルイ・ヴィトンのトランクは軽くて丈夫、トレーや仕切りまで設置され、使いやすさを追求したものだった。旅を原点とした商品は高い評価を得た。

ガロンヌ川に架かるボルドー市内の橋（大西洋からこの橋まで大型船も運航した）

（出典）　https://pixabay.com/ja/より取得

ジロンド県

（出典）　https://d-maps.com/carte.php?num_
　　　　　car=2828&lang=enより、着色は筆者

ルギー、オランダ、英国などへの輸出が急増し、1865〜1887年の間、ボルドーワインは繁栄の頂点を迎えた。

　ところが、1900年頃になるとボルドーワインの偽物が大量に市場に溢れ

るようになった。ジロンド県のボルドーワインの生産者たちは偽物による価格の低迷や評判の低下に大いに苦しんだ。当時、国内外の安物ワインのボトルに「ボルドー」のラベルが貼られて大量に流通した。すると市場では本物と価格競争が繰り広げられ、本物は価格が高いので売れなくなる。偽物の粗悪さについてのクレームは、偽物業者が逃げ、本物を作っている生産者に殺到する。ボルドーワインの生産者は深刻な被害を受けた。

## ② 立ち上がったボルドーの生産者たち

1905年、ボルドーワインの生産者たちは偽物を根絶するために立ち上がった。ボルドー域外で生産されたワインに「ボルドー」のラベルを貼ることを禁止する「ワインの原産地を保護する法律」を作るようフランス政府に要求して成立させた。地名(原産地の名称)をブランドとして保護するためのGI制度として「商品販売における不正行為と、食料品と農作物の偽造の抑圧のための法律」が誕生した瞬間である。

1935年、原産地呼称制度(以下「AOC[9]」)となり、地理的産地、ぶどう品種、収穫量、アルコール度数、栽培および醸造方法を含む生産基準の詳細について規定した。第一次世界大戦の影響で法律の適用は不完全だったが、1935年に国立原産地名称研究所(以下「INAO[10]」)の前身の「国立委員会(Comité National)」が設立され、法律の適用を厳密に管理するようになった。

GI制度が普及した理由は、「生産者のメリット」だけではない。偽物を買わなくて済む「消費者のメリット」も大きい。特に食品の偽物は消費者の健康被害に直結する。このため、偽物を排除する法律は多くの国で歓迎された。ワイン、チーズ、生ハムなど、テロワール(その土地の独自性や

---

9　2009年以降はAOCとVDQS(原産地名称上質指定ワイン)が「AOP」に統合。
10　2007年以降は「国立原産地品質研究所」に名称変更されたが、略称はINAOのまま。

優位性）を活かした農産品の美味しさが保証されることは、本物を購入したい消費者に大歓迎された。

## 5 GIは知的財産

1905年にフランスで誕生したGI制度は、1995年に設立されたWTO[11]の設立条約である「WTO協定（世界貿易機関を設立するマラケシュ協定）」の付属書１Ｃの「知的所有権の貿易関連の側面に関する協定（以下「TRIPS協定」）で「知的財産」として位置づけられた。

TRIPS協定の第２部に、著作権、商標、意匠、特許などと並んで「地理的表示」という節が誕生したのである。

のちほど「ぶどう酒及び蒸留酒」について説明が必要になるので、条文番号とともに条文の見出しを記しておく（図表１−１）。

筆者がWTO条約制定に関与した特許庁の担当者に聞いたところ、日米が医薬品の特許期間の延長などを条件に出したら、欧州からは「GI」を条件の１つに出してきたという。当時の日米の政府はGIの有用性を明確に把握していなかったと思われる。GIがTRIPS協定の「節」に入ったことは多くの国に衝撃を与えたであろう。この新しい知的財産は何だろうと。

知的財産権とは、人間の知的活動から生み出された独創的な成果を保護する権利の総称である（図表１−２）。

研究成果である「特許権」、アニメや音楽といった「著作権」、そして企業が持つ製造ノウハウの「営業秘密」などがあり、これらは「知的創造物についての権利」のカテゴリーに分類される。もう１つのカテゴリーは

---

11　外務省ウェブサイト（https://www.mofa.go.jp/mofaj/gaiko/wto/gaiyo.html）

図表1−1　WTO協定の付属書1C（TRIPS協定）の第2部の見出し

第2部　知的所有権の取得可能性、範囲及び使用に関する基準
　　第1節　著作権及び関連する権利
　　第2節　商標
　　第3節　地理的表示
　　　　第22条　地理的表示の保護
　　　　第23条　ぶどう酒及び蒸留酒の地理的表示の追加的保護
　　　　第24条　国際交渉及び例外
　　第4節　意匠
　　第5節　特許
　　第6節　集積回路の回路配置
　　第7節　開示されていない情報の保護
　　第8節　契約による実施許諾等における反競争的行為の規制

（出典）　https://www.jpo.go.jp/system/laws/gaikoku/trips/index.html

図表1−2　知的財産の種類（日本）

| 知的創造物についての権利 | 営業標識についての権利 |
|---|---|
| ・特許権 | ・商標権 |
| ・実用新案権 | ・商号 |
| ・意匠権 | ・商品等表示・商品形態 |
| ・著作権 | ・育成者権（名称） |
| ・育成者権（新品種） | ・地理的表示（GI） |
| ・回路配置利用権 | |
| ・営業秘密 | |

（出典）　筆者作成

「営業標識についての権利」である。こちらは、商品や役務（サービス）の信用を保護する「商標権」、会社の名前を保護する「商号」などが代表例である。「地理的表示（GI）」はこちらのカテゴリーに追加された。

２つのカテゴリーに共通していることは、付加価値のある有益な「情報」を保護していることである。

# 6　GI制度の採用国の拡大

　GI制度は世界100カ国以上で採用されている（図表１－３）。2009年と古いデータだが、WTOと国連貿易開発会議（UNCTAD）の共同設立機関の調査によると、EU（28カ国）、欧州でEU以外（17カ国）だけでなく、中南米とアフリカがともに（24カ国）、アジア（11カ国）、中東（７カ国）とグローバルな制度に発展している。

　発展した理由は２つある。

　１つ目は、それぞれの国には地理的特質、歴史的な背景をもつ農産物・食品が存在しうるからである。これらの農産物・食品、酒類は、他国が一朝一夕にマネできるものではない。食は文化である。生産を支えている仕組み、消費する仕組みにも歴史があり、地域の特質を活かしているので強固である。先進国だけが有利になる制度ではないと、開発途上国に奨励してもいる。ここが工業製品との大きな違いである。たくさん売れるからといって、原料を海外から輸入して生産すると味が落ちる。急に大量生産することができない商品である。もとより、異なる気候の地に工場を増設したり、短期間で醸造するために製造方法を変更したりすることは、GIの要件を満たさないこととなる。その地域の水、空気、風、土壌、微生物などで育まれた原料で、伝統的な製法で作り、熟成して商品化することにより本物の価値が生じる。これを保証するのがGIマークである。

　２つ目は、自由貿易に参加したい国はWTOに加盟しなければならない。WTO加盟には知財制度を持たなければならないので、特許や商標などだけでなく、GI制度も持たなければならない。国内にGI制度がない場合、

図表1－3　地理的表示保護制度を保有する国[13]

| アジア | 中東 | 欧州<br>（EUを除く） | EU | 中南米 | アフリカ |
|---|---|---|---|---|---|
| 11カ国 | 7カ国 | 17カ国 | 28カ国 | 24カ国 | 24カ国 |

（出典）　世界貿易機関（WTO）と国連貿易開発会議（UNCTAD）の共同設立
　　　　機関調べ（2009年）より筆者作成

新しくGI制度を創設するか、商標法などを改正してGIを実質的に保護する手立てが必要になる。現在、WTOは164カ国が加盟している[12]ので、GIを保護している国は164カ国といえる。このため、世界のGI制度には次の2つのタイプがある。

**a　商標とは異なる独立したGI制度を持つ国**

EU、中国、インド、韓国、タイ、ベトナム、ブラジル、チリ等。

**b　商標法などを活用する制度を持つ国**

米国、カナダ、オーストリア、ニュージーランド等。

米国、カナダなどの事情は第5章で述べる。

日本は1995年1月1日のWTO発足時にWTOに加盟（WTO条約を批准）した。当時の日本には、WTO加盟のため、1994年に創設された「ぶどう酒と蒸留酒」以外のGI制度はなかった。農産品や食品については、商標法、不正競争防止法、不当景品類及び不当表示防止法などでGIを実質的に保護していたので、bのグループに該当していた。

ところが日本政府は、2015年6月に農産品や食品のGI制度を創設した（法律の制定は2014年）。これはなぜか。日本政府がGIの重要性を認識し、今後の日本の経済活動に役に立つと判断したためである[13]。

---

12　WTOアニュアルレポート2022（https://www.wto.org/english/res_e/booksp_e/anrep_e/ar22_e.pdf）

13　文化庁ウェブサイト（https://www.bunka.go.jp/seisaku/bunkashingikai/chosakuken/hoki/h30_04/pdf/r1410962_04.pdf）

第 2 章

GIを活かした販売戦略

# 1 GI取得は販売戦略の第一歩

　GIの取得だけでは販売戦略は完成しない。初めの一歩である。「商標（権）[1]」や「商号」などの取得も同じだ。もちろんこれらの取得はブランディングやマーケティングへの効果は多少ある。しかしGI取得は販売戦略の第一歩に過ぎないと強調したい。

## ①　商標と商号

　「商標」とは、自社の取り扱う商品・サービスを他者のものと区別するために使用するマーク（識別標識）を指す。商品やサービスに付ける「マーク」や「ネーミング」を生産者と消費者のために、財産として守る制度である。

　GIに類似する商標制度として、日本には「団体商標制度」や「地域団体商標制度」がある（第4章で説明）。

　後者の地域団体商標は2006年から制度が開始し、2017年頃に多くの地域団体商標が更新時期[2]を迎えた。当時、いろいろな組合から相談されたことは、「地域団体商標を取得したが、販売数が増えなかった。商標にかかるコストは無駄だと思うので更新したくない」だった。「商標を取得することでブランディングが完成するわけでもなく、マーケティングに大きな効果があるわけではない」と説明した。

　GIを取得している組合も同様である。日本のGIは更新費用が発生しない（登録時に9万円のみ）ので差し迫った質問はないが、「GIを取得した

---

1　権利であるので「商標権」と表記するほうが正しい。しかしながら本稿では「商標権」は「商標」と簡略して記載させていただく。

2　商標の権利期間は登録から10年。要件を満たし、特許庁に更新料を支払えば、何回でも更新可能（いわば永久権）。

のに売れない」という訴えは多数ある。同じ説明をしている。「GIを取得することでブランディングが完成するわけでもなく、マーケティングに大きな効果があるわけではない」と。日本の組合の販売戦略には何が足りないのか。

他方、「商号」とは、会社を設立した際に登記簿に登録しなければいけない正式な名称である。一般的に、「会社名」は商標として登録し、かつ商号として登記することが多い。

もちろん会社名を商標としない場合もある。どんなデメリットがあるか。商標は日本全国で（かつ野菜などの申請した区分で）有効なのに対し、商号は登記した所在地の地域のみで有効である。全国区と地方区（かなり小さい）といえばイメージしやすく分かりやすいと思う。近年、会社法が改正され、全く同一の所在地で同一の商号を登記することはできないが、隣の所在地では同一の商号が登記される可能性があるという。注意が必要である。

実際に起こった事例で説明する。日本の有名企業（大阪府Ａ区で登記）の製品の模倣品が中国で販売された。その際、同一の社名が大阪府Ｂ区で中国関係者によって登記されていた。中国の消費者は大阪に住所を持つ企業の製品だから本物と勘違いした。中国の消費者も被害者である。有名企業が、中国で会社名の商標を取得していれば防ぐことができたかもしれない。後述するパルマハムの事例でも出てくるが、組合員はそれぞれ会社組織となっていることが多い。GIのブランドの傘下、多くの会社の名前が並んでいる。これらの会社名は商標を取得しているとともに、商号をイタリアで登記している。

## ②　成功している海外のGIの特徴

成功しているGI産品の調査を行ってきた。海外のGIを取得している組合や企業のウェブサイトを調査しているうちに、売れているGI産品のウェブサイトには、「ブランディング」と「マーケティング」に必要な要素や

仕組みが多数存在していることに気が付いた。もちろん現地での新聞、ラジオ、テレビなどのマスメディアでの広報の影響はあるだろう。しかし数十年前からの外国での広報をすべて確認することは困難であるので、現在のウェブサイトを客観的に分析することとした。

　率直にいって、販売戦略、マーケティング戦略、ブランディング戦略などのビジネス本は多数ある。知らない用語、カタカナ用語が多く、複雑で分かりにくい。後述するが、「ブランド」も「マーケティング」の定義も定まってはいない。毎年のように多くの学説が提唱されている。

　そこで、基本的で分かりやすいGI販売戦略を提案したいと考えた。近年流行しているデジタルマーケティングなどを説明したいわけではない。GI産品を販売する際の基礎となる考え方（組合の心構え、ブランドのストーリー、GI産品の本質、価値、存在意義など）を、マーケティングとブランディングの2つの視座で確認できるような「チェックリスト」を作ろうと思い立った。後述するEUのGI登録の審査基準の「Link」も加味している（第3章2③④）。

　まず海外で売れているGI産品のウェブサイトで公開されている情報を基にチェックリストを作成し、いくつかのサイトを点数化して研究を重ねた。EU域内で古くからGIを取得している組合などのウェブサイトは高得点であり、日本のGIのウェブサイトは総じて点数が低い。しかし日本のGIでも100点満点のウェブサイトを持つ組合もある。

## ③　GI関係者がすべきこと

　日本のGI関係者には、自分たちのウェブサイトに足りない情報を埋める作業をしてほしい。

### a　地域でよく話し合う

　情報を埋める際、組合のメンバーとしっかりと話し合ってほしい。メンバー同士が十分に意思の疎通ができていなければGIビジネスは成功できない。メンバーをまとめる、リーダーの選出も重要である。成功している

地域には、意志の強い使命感の高いリーダーが必ず存在している。その際、「馬鹿者、若者、外者」からの意見を取り入れていることも、共通の成功要因である。話し合いには、地元の若者はもちろん、斬新な意見を発する者や地域外の人、外国人も巻き込んで議論しよう。

## b　足りない情報を明らかにする

　ウェブサイトに掲載する情報を収集しよう。収集作業で、今までGIについて明確に理解していなかった事項、隠れていたGIのブランドストーリー、GIに対するメンバーの想いや認識など、たくさんの発見があるだろう。GI産品の生産が始まったときの歴史的背景[3]とこれまでの経緯、地理的な優位性、人的な資源との関係などの調査も必要である。歴史学の研究者、地元の図書館職員、地方自治体の職員の協力も必要な場合があるだろう。調査の過程で、メンバー全員がGI産品を深く理解することができるだろう。

　例えば、群馬県の「下仁田ネギ[4]」。歴史について、

　下仁田ネギについての由来は明らかではないが、江戸文化2年11月8日付で「ネギ200本至急送れ、運送代はいくらかかってもよい」という趣旨の江戸大名、旗本からのものと思われる名主宛の手紙が残されており、当時すでに下仁田ネギが栽培され、珍重されていたことがわかっています。下仁田ネギは別名「殿様ネギ」と呼ばれるのはこの

---

3　筆者が特許庁審査官のとき、米国特許商標庁と欧州特許庁の審査官と共同審査をしたことがある。週末には日光などを案内した。そのとき、欧州の審査官が「日本は歴史が長くて素晴らしい。欧州は分割や統合などがあり、600年くらいしか歴史がない国も多い」と発言したら、いつもは穏やかな米国の審査官が「どうせ米国は200年しか歴史がないよ」と怒ったので驚いた。

　京都で老舗の調査をした際、「京都で老舗と名乗ることができるのは応仁の乱（1467～1477年）以前からある店だけです」と真顔でいわれた。日本は長い歴史を持っている。日本人は長い歴史を活かす視座を持つべきだと思う。

4　GI未登録。

> ためです[5]。

とウェブサイトで紹介されている（脚注番号筆者）。このような文章を作るには、古文書の調査や現代語訳できる専門家の協力が必要だ。

　調査の際、古い道具、看板、古書などの歴史資源が発見されることも多い。後述するが、マーケティングやブランディングに使用できる場合がある。歴史資源は廃棄せずにとっておき、デジタルデータも確保しておいてほしい。

### c　地域で基準を作成する

　ウェブサイトに情報を掲載する前に、地域で基準を作成しよう。そして、メンバー全員に同意を求めて、合意文書を作成することが必要である。具体的には、GI産品の原料（品種、栽培地、成分の含有量など）、生産地域（場所（市町村などの行政区画[6]）、気候、水質、その他の特性）、生産方法（伝統的な製法のみか簡略化した方法も認めるか、動物に与える餌の種類やマッサージなどのケア、植物に与える肥料の種類、音楽を聞かせるなどのケアなど）。早目に基準を作成し、メンバーや関係者などの「ステークホルダー[7]」からも理解を得ることが必要だ。

　例えば、「松阪牛[8]」。どの市町村まで松阪牛を生産できるかについての話し合いに長時間かかった。理由は、松阪牛が名声を得た後だったので近

---

5　下仁田町ウェブサイト（https://www.town.shimonita.lg.jp/nourin-kensetu/m02/m01/m01/04.html）

6　ワインの生産地を巡って、昔の欧州では紛争があり、近年のオーストラリアでは訴訟が起こった。名声を得る前ならトラブルが少なくて済んだだろう。

7　顧客、労働者、株主、専門家、債権者、仕入先、得意先、地域社会、行政機関、組合のメンバーなど。

8　GIは「特産松阪牛」。生産地は、「平成16年11月1日当時の行政区画名としての22市町村（松阪市、津市、伊勢市、久居市、香良洲町、一志町、白山町、嬉野町、美杉村、三雲町、飯南町、飯高町、多気町、明和町、大台町、勢和村、宮川村、玉城町、小俣町、大宮町、御薗村、度会町）」である（https://www.maff.go.jp/j/shokusan/gi_act/register/25.html）。

隣の多くの地域が強く希望して調整が難航したからである。その後、松坂牛を販売する業者、地域の自治体、顧客などにも理解を得なければならなかった。基準作りが後になればなるほど、ステークホルダーが広がり、混乱する。早目に決めたほうがよいと思われる。

### d　明細書の作成に着手する

GIの申請時には明細書を作成しなければならない。GI登録後に変更せざるをえない場合もあるが、手続きが大変だし、消費者の信頼を失う可能性もある。ウェブサイトに掲載する情報を収集し、地域で合意文書を作成したら、GIの明細書の作成にも着手しよう。

これらの作業には時間と費用がかかるだろう。しかしこの作業なしに真のGIブランド構築は不可能であるし、消費者に伝えるべきGIストーリーはクリアにならない。これから示すチェックリストの基本的な要素を満たさないなら、国内でも「このGIって何？」というレベルで終わってしまうだろう。

### e　外国語対応

グローバルにビジネスをするなら、英語などの外国語対応は必須である。戦略的に国内から攻めるのであれば、外国語対応は次のステップと考えてもよい。しかし海外の名声から国内の市場を逆輸入で攻めるのであれば、早い段階で多言語化をお勧めする[9]。

また、日本政府は「攻めの農政」という戦略をとっている。人口減少社会を迎え、ますます農林水産物の輸出を強化するだろう。そうであれば、外国語対応は早目に行っておいたほうがビジネスは有利になると考えられる。

---

9　フランスの「シャンパーニュ」は、英国で名声を得てから、フランスで売れるようになった。日本の「南部鉄器」もフランス人のアドバイスでピンクや黄色などに彩色したら、フランスで紅茶のポットとして人気が出て、日本でも注目を集めて売れるようになった。

# 2 販売戦略の基礎知識

基礎知識を確認しよう。ビジネス書の古典は有用である。

## ① 組合の目的は顧客の創造

> 企業の目的は顧客の創造である。したがって、企業は2つの、ただ2つだけの企業家的な機能を持つ。それがマーケティングとイノベーションである。　　　　　　　　　　　　　　　　　　　　P・F・ドラッカー
> 『マネジメント【エッセンシャル版】基本と原則』ダイヤモンド社、2001年

　見出しは、このドラッカーの言葉をもじったものだ。日本のGI産品を生産・加工している組合にも該当する。本物の食材をまだ食べたことのない消費者に届けて、美味しいと納得してもらい、喜んで自ら購入してくれるような「顧客」を創造する。GI産品の価格は、一般的な商品よりも高額である。顧客に喜んで購入してもらうためには顧客が「購入する理由」を納得し、製造者に共感してもらうことが必要である。共感にはストーリーが有効だ。顧客を創造することは、すべてのビジネスの基本といえる。

## ② 組合の機能はマーケティングとイノベーション

　ここで述べるのも組合が主体の話である。伝統的なGI産品を作っていても、温度管理の装置を改良し、包装用紙を環境負荷の少ないものに変え、販売方法も工夫するなど、組合では日々、イノベーションに努めておられると思う。

　同様に、マーケティングも日々行うべきである。だから、GI取得で即

マーケティングが完成するわけではないのである。GI産品ではないが、有楽製菓の「ブラックサンダー」のマーケティングが秀逸だ。社員が「ブラックサンダーさん」の名前でツイッターを運営し、２万人以上のフォロワーを持つ。このSNS担当者は、「リアルの広告との大きな違いは、出したものに対してさまざまなご意見をいただけること、またそれらに対して弊社も回答してコミュニケーションをとれることだと思います」と説明している[10]。直ちに組合の皆様に、SNSを始めましょうといいたいわけではない。顧客との日々のコミュニケーションがマーケティングとなることを指摘したい。店頭でも電話でも手紙でもメールでも同じだ。その際、担当者がGI産品の定義やストーリーを明確に理解していないと回答がぶれ、消費者の信頼を失う。組合のメンバーの意思の疎通が最初に必要である。

## ③　マーケティングの理想は販売を不要にすること

> 　販売とマーケティングは逆である、同じ意味ではないことはもちろん、補い合う部分さえない。もちろんなんらかの販売は必要である。だがマーケティングの理想は、販売を不要にすることである。
>
> 　　　　　　　　　　　　　　　　　　　　　　　Ｐ・Ｆ・ドラッカー

　少し分かりにくいかもしれない。マーケティングは、消費者にGI産品の生産方法、成分、特徴、ストーリー、美しさ、こだわりなどを明確に伝え、消費者からの質問に細やかに応答するなどのコミュニケーションである。このようなマーケティングが多くの消費者に広く行われれば、GI産品が欲しい消費者は自発的に購入してくれる。売り込むタイプの販売は必要なく、商品が勝手に売れる状態となる。このことの実現にはブランディングも関係する。次で述べる。

---

10　マネーポストウェブサイト（https://www.moneypost.jp/301027）

## ④ ４Ｐを一体化させるのがブランド

> マーケティング理論に必ず出てくる「４つのＰ（製品、価格、流通、プロモーション）」を結び付けて、一体化させる要がブランドなのです。　　　　　　　　　　　　　　　　フィリップ・コトラー
> 『コトラー＆ケラーのマーケティング・マネジメント 第12版』丸善出版、2014年

　４つのＰとは、商品（PRODUCT）、価格（PRICE）、流通（PLACE）、販促（PROMOTION）を指す（図表２－１）。

　一般的なマーケティング戦略は、第１段階の「市場環境分析」には「SWOT」「３Ｃ分析」など、第２段階の「マーケティング戦略立案」には「STP分析」など、第３段階の「マーケティング施策立案」には「４Ｐ分析」などが使われる（図表２－２）。いきなりこれらをすべて駆使して戦略を立てるのは大変だ。お勧めは、第３段階の「４Ｐ分析」である。

　商品、価格、流通、販促の４つの要素を一体化する要が「ブランド」である。換言すると、４つの要素に共通する根底の思想が「ブランド」とな

図表２－１　４Ｐ分析の４つの要素

（出典）　筆者作成（2022年研究・イノベーション学会発表資料）

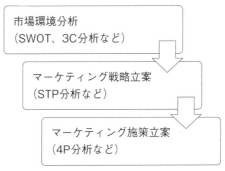

図表2−2　マーケティング戦略における
4Pの位置づけ

市場環境分析
（SWOT、3C分析など）

マーケティング戦略立案
（STP分析など）

マーケティング施策立案
（4P分析など）

（出典）　筆者作成

る。4つの要素のそれぞれにストーリーがあるが、この4つのストーリーには統一感が必要だ。これらの組み合わせがブランドの世界観の一側面を表すと思う。ストーリーには、過去と現在だけでなく、未来志向のストーリーが入ってもよいと思う。

　4Pを検討する際、「コモディティ（普通の商品）[11]」と何が違うのかを徹底的に思考することが重要だ。まず4つの要素について、組合メンバーと一緒に深く考えよう。価格については、安売り思考から脱却してほしい。EUのGI産品の価格はコモディティの平均2倍であることを思い出してほしい。

## ⑤　競合する他商品との明確な違いを打ち出す

　自社製品と競合他社の製品との明確な違いを打ち出すことによっ

---

11 「コモディティ」とは、一般的には「商品」を指す言葉である。ここでは差別化要素を持たない「普通の商品」の意である。

て、消費者は複雑で多様な製品の中からその会社のサービスを識別できるようになります。この違いが『ブランド』であり、このブランドを会社の資産として捉える『ブランド・エクイティ（無形の資産価値）』が重要です。　　　　　　　　　　　　　フィリップ・コトラー

　ブランドの定義として有名なコトラーの言葉である。組合のメンバー全員が、「明確な違い」は何かをしっかりと理解していることが重要である。例えば、歴史。日本の食材は長い歴史を持っている（図表2－3）。

　この素晴らしい資産を日本の組合はブランディングに活かせていないと

図表2－3　加工品の誕生年

|  | 誕生年 |  | 誕生年 |
|---|---|---|---|
| 焼津鰹節 | 927 | 小田原蒲鉾 | 1780 |
| 京とうふ | 1200 | 京都名物千枚漬 | 1865 |
| 小田原ひもの | 1500 | 昆布巻かまぼこ | 1870 |
| 舞鶴かまぼこ | 1600 | 沼津ひもの | 1870 |
| 吉野本葛 | 1600 | 四万十川の青さのり | 1890 |
| 宇和島じゃこ天 | 1615 | 紀州みなべの南高梅 | 1902 |
| 沖縄黒糖 | 1623 | 紀州梅干 | 1907 |
| 熊本名産からし蓮根 | 1632 | 虎杖浜たらこ | 1913 |
| 伊勢ひじき | 1638 | 山岡細寒天 | 1925 |
| 吉野葛 | 1638 | 八重山かまぼこ | 1930 |
| 京都名産すぐき | 1700 | 佐賀のり | 1953 |
| 枕崎鰹節 | 1707 | 須磨海苔 | 1961 |
| 伊勢たくあん | 1750 |  |  |

（出典）　各ウェブサイトより検索。生越研究室ゼミ生作成

思う。マーティングにも有益である。海外の消費者は歴史の重みに驚くと思う。歴史はいくらお金を出しても絶対に買えない資産である。歴史のある製造装置、看板、包装紙などは宣伝ツールに転用できるので廃棄しないでほしい。

ブランドは、組合の資産である。未来に承継できる。組合のメンバーとともに、未来に向けてたくさんの資産を確保しよう。

## ⑥ コモディティは価格がすべて

> マーケティングの技術はブランド構築の技術そのものである。もし、あなたが提供しているものがブランドでなければ、それはコモディティにすぎない。そしてコモディティの世界では価格こそがすべてであり、低コストの生産者が唯一の勝者となる。
>
> フィリップ・コトラー

GI産品をコモディティにしてはいけない。安売り競争に巻き込まれる。GI産品は適切な対価を得るビジネスでなければ維持できない。そのためにも、ブランドを構築しなければならない。

## ⑦ 立地がもたらす競争優位とは

> 企業戦略・競合関係、需要条件、要因（インプット）条件、関連産業・支援産業の４つが、立地の競争優位の原因である。
>
> マイケル・E・ポーター
> 『国の競争優位（上）』ダイヤモンド社、1992年

ポーターの競争戦略は、グローバル企業、クラスター、国など、いろいろなレベルでの議論が多面的になされている[12]。ポーターの有名な「ダイ

ヤモンドモデル」（図表2-4）とは、「ある国の産業が、なぜ他の国の同産業よりも競争力を持つのか」について説明したものだ。

　筆者は、国の競争優位のロジックを、日本の地域の競争優位に適用できないかとずっと考えてきた。理由は、次のとおり。日本の食品のルーツは江戸時代以前にあるものが半数くらい、明治以降のものは半数くらいだ（前掲図表2-3）。江戸時代は370～400の藩があり、各藩は独立会計で、藩の収入を増やすために他藩と競争し、技術開発を行い、特産物の生産を奨励していた。まるで国同士の争いだ。したがって、国の競争優位のロジックが適用できると考える。

　ポーターのダイヤモンドモデルの4要素は、「企業戦略、競合関係」「需要条件」「要因（インプット）条件」「関連産業・支援産業」である。前述した4Pに比して、競合関係（ライバルなど）、関連産業（取引先など）、支援産業（地方自治体、公設試験研究機関、大学など）が含まれるのでステークホルダーが幅広い。後述するEUの優れたウェブサイトには、このダイヤモンドモデルの4要素が明記されている。各要素を簡単に説明する。

## a　企業戦略、競合関係

　いかに組合が創造され、組織され、マネジメントされるか。

## b　需要条件

　高度で要求の激しい地元顧客、他地域と比較した場合の顧客、ニーズの先駆性、世界的に提供可能な専門的なセグメントにおける地元の需要が突出していることなど。高度で要求の激しい地元顧客は「宝」だ。

## c　要因（インプット）条件

　生産要素の品質・コスト（天然資源、人的資源、資本、物理インフラ、経営インフラ、情報インフラ、科学テクノロジー面のインフラ）、テロ

---

12　ポーターは、イタリアの皮靴やファッション、カリフォルニアワインをクラスターの観点で詳細に分析している。

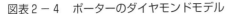

図表2-4　ポーターのダイヤモンドモデル

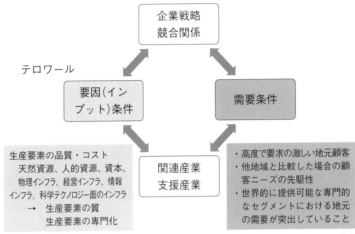

（出典）　マイケル・E・ポーター『競争戦略Ⅱ』（ダイヤモンド社、2018年）
　　　P.83の図2-4を基に筆者加工

ワールなどが、生産要素の質と専門化に影響を与える。後述するEUのGI
審査要件のLink（第3章2③④）に関連性が高い。GIチェックリストに
はLinkの項目を反映させている。

**d　関連産業・支援産業**

　競争力を有する供給者産業その他の関連産業の存否。

　なお、ポーターは、その後、「政府」と「機会」という要素を追加した
が、本稿では最初に提案された4つの要素のみを採用する。理由はEUの
各GIのウェブサイトをみても、政府から助成金をもらったとか、出品の
機会をもらったなどの情報開示は見当たらないからである。

## ⑧　差別化戦略とは

　また、マイケル・E・ポーターは、「コスト・リーダーシップ戦略」「差
別化戦略」「集中戦略」の3つに分類した競争戦略を発表し、企業が生き

残っていくための戦略を提唱した。GIでは2つの差別化戦略が肝である。

### a コスト・リーダーシップ戦略

競合他社よりも安価な商品・サービスを提供することによって、競争優位を確立していく戦略である。安価な商品・サービスを提供するには、できる限りコストを抑えて商品やサービスを作り出す必要がある。GI産品はこの世界に入ってはならない。

### b 差別化戦略

自社の商品やサービスの独自性を強調して他社との差別化を図り、業界内で独自のポジショニングを築いていく戦略。自社の商品やサービスを差別化する項目としては、商品の機能性、品質、技術力、ブランドイメージ、顧客対応などがあげられる（ブランディング戦略を早目に話し合いましょう）。

差別化戦略では、商品やサービスの価値を上げるとともに、顧客価値も上げていく必要がある。他社とは違う独自性を生み出すことだけが差別化戦略ではなく、商品やサービスに価値があると顧客に認知してもらうことも重要である（マーケティング戦略を早目に話し合いましょう）。

### c 集中戦略

コスト削減を図る「c1集中戦略（コスト集中）」と他社との差別化を図る「c2集中戦略（差別化集中）」がある。特定の狭い範囲にターゲットを絞り込み、自社の経営資源を集中させていく戦略である。GI産品は、後者の「c2集中戦略（差別化集中）」を検討するべきと思う。

「戦略ターゲットの幅」と「競争優位のタイプ」でＸＹ軸をとると、図表2－5のように3つの戦略は4つの区分に分けることができる。

GIが目指すべきは、右半分の「b差別化戦略」か「c2集中戦略（差別化集中）」である。

## ⑨ ブランドの定義は決まっていない

ブランド（brand）とは、ある財・サービスを、他の同カテゴリーの財

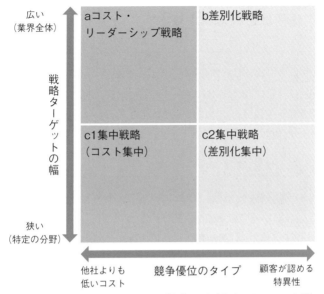

（出典）　マイケル・E・ポーター『競争の戦略』（ダイヤモンド社、1982年）P.61の図表 2 - 1 を基に筆者加工

やサービスと区別するためのあらゆる概念である。財・サービスを消費者に伝達するメディア、消費者の経験・思想などが加味され、結果として消費者のなかで財・サービスに対して湧き上がるイメージの総体がブランドの概念とされる場合もある。

　また、文字や図形で表現された「商標」、産品の名称と製造方法などの明細書の両方で定義された「GI」などが使用されてブランドを表記することもある。しかしGIや商標などの標識はブランドの本質ではなく、ブランドの目印に過ぎない。

　現在、ブランドについては専門家の間でも共通の認識がないようだ。「ブランド（または「ブランディング」）」には少なくとも30の定義が存在

するという[13]。専門家たちの精緻な議論を待とう。

## ⑩　信用はビジネスの基本

> 信用は実に資本であって、商売繁盛の根底である。
> 信用はそれが大きければ大きいほど、大いなる資本を活用することができる。世に立ち、大いに活動せんとする人は、資本を造るよりも、まず信用の厚い人たるべく心掛けなくてはならない。
>
> 渋沢栄一

　渋沢栄一の『論語と算盤』には、金融機関や株式会社が「信用」を媒介にして回っていることを西欧で学んだと書かれている。19世紀の後半（1867年の第2回パリ万博の頃）、渋沢は海外で「日本人は約束を守らない」という言葉を聞いて衝撃を受けた。明治に入り近代化の波を受けた日本人の商業道徳は著しく荒廃していた。そこで「実業と道徳の一致の必要性」を全国で説いて回ることになる。この集大成が『論語と算盤』である。

　フィリップ・コトラーの近著である『コトラーのH2Hマーケティング―「人間中心マーケティング」の理論と実践』（フィリップ・コトラーほか著、鳥山正博監修ほか、KADOKAWA、2021年）でも、「ブランドは自らの本質を明らかにし、その本当の価値を正直に示すべきである。そうすることで初めて、信頼できるブランドになれる。虚偽の主張をしたり、お粗末な製品を販売したりしている企業やブランドは、生き残れないだろう」と、信用の重要性を指摘している。信用はビジネスの基本である。

---

13　インターブランドウェブサイト（https://www.interbrandjapan.com/ja/article/brandchannel/what-is-a-brand.html）

# 3 GIチェックリスト（GICL）

## ① GICLのチェック要素

上記した10の基礎知識をベースにして、筆者は下記のチェックリストを作った。基本は、4P分析、ポーターのダイヤモンドモデル（EUのGI審査要件のLinkを含む）、多言語化の3つである。

### a 4P分析

4つの要素の商品（PRODUCT）、価格（PRICE）、流通（PLACE）、販促（PROMOTION）に「ブランド」の視座が入っているかどうかをチェックする。

### b ポーターのダイヤモンドモデル

ダイヤモンドモデルの最初の4要素である「企業戦略、競合関係」「需要条件」「要因（インプット）条件」「関連産業、支援産業」についてHPで開示があるかどうかをチェックした。

要因（インプット）条件には、EUのGI審査要件の「Link」を考慮した。Linkとは「地域の特異性」「産物の特異性」「地域の特異性と産物の特異性の因果関係」が相互に関連し、首尾一貫した内容となっていることである（第3章2③④）。なお、後日に追加された「政府」や「機会」の2要素は省いた。

### c 多言語化

GIのHPで単一言語のみに対応しているか、多言語に対応しているかをチェックする。

### d GI産品のウェブサイト・チェックリストの分析

GI産品のウェブサイトから、「4P分析の要素」「ダイヤモンドモデルの4要素」と「多言語化」の観点で分析する。

「ダイヤモンドモデルの４要素」のなかの「要因（インプット）条件」はさらに分ける。具体的には、ポーターの「天然資源」「人的資源」「資本」「物理インフラ」「経営インフラ」「情報インフラ」「科学テクノロジー面のインフラ」の各要素である。

　そして、「天然資源」の要素は、GI審査要件の「Link」の「地域の特異性」「産物の特異性」「地域の特異性と産物の特異性の因果関係」の各要素でさらに分ける。ただし、「Link」の「ノウハウ等の人的資源」はポーターの「人的資源」に含める。

## ②　GICLの基本リスト

　これらのチェック要素を並べたものをGICL（GI産品のウェブサイトのCheck List：筆者作成）とし、GI産品の母国語のサイトを主体にして要素の有無をチェックする（図表２－６）。

　第３章からは、国・地域ごとのGI制度の概要を説明し、GI産品の紹介とともに、そのGI産品のウェブサイトを「GIチェックリスト」で分析する。EUのGI産品は、「GIのチェック要素」の全部またはほとんどが埋まっていることを確認されたい。

## ③　組合のGICLを作成しよう

　図表２－７は、皆さんの組合のGI産品のためのウェブサイト・チェックリストである。現時点でチェックしてほしい。埋まっていない「GIのチェック要素」については組合で話し合った後、ウェブサイトに反映させ、再びチェックしてほしい。１度ですべてを埋めるのは困難だと思う。

　また、ウェブサイトを持っていない組合もあると思う。これからウェブサイトを準備すれば大丈夫だ。まずは組合のメンバーで話し合うことが最重要である。

　EUのGIも数十年かけて今の形になっている。理想形を見据えて、話し合いを継続することが何よりも重要である。

図表２−６　GI産品のウェブサイト・チェックリスト（GICL）

| GIのチェック要素 | 4P分析の要素 | | | | ダイヤモンドモデルの4要素 | | | | | | | | | | 多言語化 |
| | 商品 | 価格 | 流通 | 販促 | 企業戦略・競合関係 | 需要条件 | 関連産業・支援産業 | 要因（インプット）条件（Linkの要素を含む） | | | | | | | |
| | | | | | | | | 天然資源 | | | | | 人的資源・ノウハウ等の人的要素 | 資本 | 物理インフラ | 経営インフラ | 情報インフラ・社会的評価の説明 | 科学テクノロジー面のインフラ | |
| | | | | | | | | 土壌 | 気候 | 地域特性 | 地域産の特別の餌 | 品種 | | | | | | | |
| GI産品の名称 | | | | | | | | | | | | | | | | | | | |
| 備考 | | | | | | | | | | | | | | | | | | | |

（出典）　筆者作成

図表2-7　貴組合のGI産品のウェブサイト・チェックリスト（GICL）

| | 4 P分析の要素 | | | | | | | | |
|---|---|---|---|---|---|---|---|---|---|
| GIのチェック要素 | 商品 | 価格 | 流通 | 販促 | 企業戦略・競合関係 | 需要条件 | 関連産業・支援産業 | 土壌 | 気候 |
| 貴組合のGI産品の名称 | ブランドの視座で検討しているか | ブランドの視座で検討しているか | ブランドの視座で検討しているか | ブランドの視座で検討しているか | 戦略やライバル対策を検討しているか | 顧客調査などを行っているか | ステークホルダーを確認しているか | 特徴があるか | 特徴があるか |
| | | | | | | | | | |
| 備考 | | | | | | | | | |

（出典）　筆者作成

46

| ダイヤモンドモデルの4要素 | | | | | | | | | |
|---|---|---|---|---|---|---|---|---|---|
| 要因（インプット）条件<br>（Linkの要素を含む） | | | | | | | | | |
| 天然資源 | | | | | | | | | 多言語化 |
| 地域特性 | 地域産の特別の餌 | 品種 | 人的資源・ノウハウ等の人的要素 | 資本 | 物理インフラ | 経営インフラ | 情報インフラ・社会的評価の説明 | 科学テクノロジー面のインフラ | |
| 特徴があるか | 特徴があるか | 特徴があるか | 特徴があるか | 特徴があるか | 特徴があるか | 特徴があるか | 特徴があるか | 特徴があるか | 日本語以外の言語対応があるか |
| | | | | | | | | | ○or× |
| | | | | | | | | | |

# 欧州のGI制度と事例研究

ボルドーワインを生産するジロンド県等の民衆がフランス政府に法制化させたGI制度は、フランス国内にとどまらず、イタリア、スペイン、ポルトガルなどに拡大した。これは欧州の伝統的な製造方法で農作物や食品を生産している生産者たちの認識を大きく変え、グローバル市場を狙うための戦略へと進化した。

# 1　EUの理事会規則

### ①　1992年と1996年のEUの理事会規則

　1992年、GI制度はEUの理事会規則で規定された。すべてのEU加盟国でGIを保護できることになったのである。そこに横槍が入った。WTOのパネルを通じて米国やオーストラリアから外国から申請できるかどうかが不明だとのクレームを受けたのである。これを受け、1996年に改正し、EU域外の国からでも申請できることが明確になり、EUはEU域外の国・地域から多くの申請を受け入れている。その後、EUの理事会規則は、数回の修正作業がなされている[1]。

　現在、EUへの申請と並行して、外国・地域と条約を介してGIの相互認証も進めている。前述した「日EU経済連携協定」もこのタイプである（第3章2⑤参照）。

### ②　2022年のEUの理事会規則の改正案（未施行）[2, 3]

　2022年3月31日、ECが、ワイン、蒸留酒、農産物のGI制度の改正案を

---

1　Regulations（EU）No 1308/2013,（EU）2017/1001,（EU）2019/787,（EU）No 1151/2012

採択したと発表した[4、5]。ECは、地方経済に利益をもたらし、特にオンラインでより高いレベルの保護を達成するために、EU全体でGIの取り込みを増加させるために、「GIシステムを強化する」という。

2021年にGI制度の評価を行い、GI制度がEU産品の付加価値創出につながっているとしたが、加盟国の一部でGIの認知度が低いこと、侵害対応も十分ではないことなどを指摘し、EU全体でGIの登録数を増加させるとした。さらに商品の特性に「環境に対する持続可能性」などを盛り込むべきだとした。

農業コミッショナーは、「EUのレベルの高い食品の品質と基準を維持し、私たちの文化的、美食的、地元の遺産が保存され、EU域内および世界中で本物として認定されることを保証する。法的な枠組みを強化することにより、伝統的な品質の製品の生産を後押しする。これは、EU全体の農村経済に利益をもたらし、地元の伝統と天然資源の保護に貢献する。EUの農産品・食品の世界的な評判をさらに守ることになる」という。

今後への影響が大きいのでポイントを説明する[6]。

### a　短縮および簡素化された登録手続き

これまで複数の規則によって定められていた登録手続きを統合、単一化する。EU域内、EU域外（外国・地域）の申請者に共通したルールを適用する。これにより手続きを簡素化、迅速化し、登録申請を増やす。

---

2　GIと品質スキームの説明（https://agriculture.ec.europa.eu/farming/geographical-indications-and-quality-schemes/geographical-indications-and-quality-schemes-explained_en#proposaltostrengthengisystem）

3　修正規則（EU）No 1308/2013、（EU）2017/1001および（EU）2019/787、廃止規則（EU）No 1151/2012の詳細（https://agriculture.ec.europa.eu/document/download/36b82073-3f4b-4d2d-8766-be7d69290984_en）

4　プレスリリース（https://ec.europa.eu/commission/presscorner/detail/en/IP_22_2185）

5　https://www.jetro.go.jp/biznews/2022/04/c9cc41d1709ea62f.html

6　ECのウェブサイトでは改正案は公表されているが、改正されたという情報はない（2022年11月15日時点）。

### b　オンライン保護の強化

　インターネット上のGIの保護を強化する。オンライン・プラットフォームでの販売、悪意のある登録に対する保護、およびドメインネームシステム（DNS）における悪意あるGIの登録や名称の使用からの保護など、特にインターネット上におけるGIの保護を強化する。

### c　さらなる持続可能性

　「Farm to Fork戦略」の直接的なフォローアップとして、生産者が製品仕様に社会、環境、または経済的持続性に関する取組みを盛り込み、認定要件として定めることを可能とし、持続可能性の向上を目指す。これにより、天然資源と農村経済をよりよく保護し、地元の植物品種と動物品種を確保し、生産地域の景観を保護し、動物福祉を改善することに貢献する。これはまた、環境への影響を減らしたいという消費者は魅力を感じると考えている。

### d　権限を与えられた生産者グループ

　加盟国に申請し、GI産品の生産者グループとして認定を受けたグループが、加盟国の模倣品取締機関や税関と協力し、GI認定の活用、保護に取り組むことを可能とする。

### e　EU知的財産庁の支援

　ECはGIの登録手続きを継続して行うが、欧州連合知的財産庁（以下「EUIPO」）が登録手続きの迅速化を図るため、技術的な支援を行うことが話題となっている。

　2020年、ECは「EUの復興とレジリエンスをサポートする知的財産行動計画[7、8]」でGI産品の知的財産権の保護強化の方針を発表した。EUIPOが協力することにより、EU域内外でのGIの保護や模倣品対策を強化する狙いがある。

---

7　https://ec.europa.eu/docsroom/documents/43845
8　JETROの解説記事が分かりやすい（https://www.jetro.go.jp/biznews/2020/11/692f015f44e6779e.html）。

しかし、欧州最大の農業生産者団体COPA-COGECAや欧州議会（European Parliament）からはEUIPOの協力に警戒感が示された。COPA-COGECAは、EUIPOは「知的財産権に特化した機関で、農業部門やGI制度の成功要因が産地や生産者の「ノウハウ」が各商品の品質の高さや特色に結びつけられていることを理解していない」と危惧している。欧州議会や欧州連合理事会（閣僚理事会）でも話題に上がっている。

　ECは、EUIPOがかかわるのは登録手続きやEU域外国での知的財産権への注意喚起に関してだけで、ECがGI産品にかかわる政策の全般を担うのは変わらないと回答したが、反発は続いている。

　本書の序章で説明したように、農業分野の関係者は「情報は公共財」と考えているため、「情報を私的財」とする知的財産の関係者に反発を感じるのである。この反発を解消するには、「GIの情報は地域財（地域内では情報を公共財とする）」であることを関係者に理解してもらう必要があるだろう。地域をもって稼ぐことは「是」と理解する必要がある。

 **EUのGI制度[9]**

　EUのGI制度は、多くの国のモデルとなっている。前述したように、EUの規則は改正予定であるが、現時点のシステムがベースになるので紹介する。

### ① EUのGIの種類

EUでは「産品明細書」の条件に合致した農産物等を販売・流通させる

---

9　https://agriculture.ec.europa.eu/farming/geographical-indications-and-quality-schemes/geographical-indications-and-quality-schemes-explained_en

者のみがGIの表示を使用することができることとしている。GIは4種類ある（図表3−1）。

　特にワイン（法律上は「ぶどう酒」）とスピリッツ（法律上は「蒸留酒」）については、シンプルに「GI」という名称で保護され、TRIPS協定第23条で特別に保護されている[10]（詳細は後述）。また、条約に基づいてEU域外の国や地域のGIも単に「GI」の区分でEUは保護している。

　ここでは、これ以外の3種類を詳細に説明する（図表3−2）。

### a　原産地呼称保護（Protected Designation of Origin、PDO）

　特定の地理的領域で受け継がれたノウハウに従って生産・加工・製造された農産物、食品、飲料が対象である。代表例は、フランスのロック

**図表3−1　4種類のGIと概念**

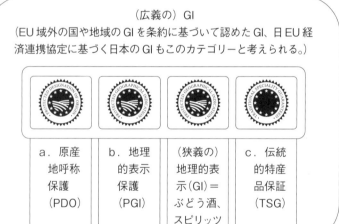

（出典）　EUウェブサイト（https://agriculture.ec.europa.eu/farming/geographical-indications-and-quality-schemes/geographical-indications-and-quality-schemes-explained_en）を基に筆者作成

---

10　TRIPS協定第23条「ぶどう酒及び蒸留酒の地理的表示の追加的保護」

フォール・シュール・スールゾン村の「ロックフォール」というブルーチーズである。

　PDOは、生産・加工・製造まで1つの地域で行わなければならないので一番厳しい規定である。

b　地理的表示保護（Protected Geographical Indication、PGI）

　特定の地理的領域と密接に関連した農産物、食品、飲料が対象である。生産・加工・製造の少なくとも一段階がその地域で行われていなければならない。代表例は、イタリアのラツィオ州の「アバッキオ・ロマーナ」と

図表3－2　EUの地理的表示保護制度の種類、マークと定義

| 種類 | PDO<br>（原産地呼称保護） | PGI<br>（地理的表示保護） | TSG<br>（伝統的特産品保証） |
|---|---|---|---|
| マーク | | | |
| 定義 | 特定の地理的領域で受け継がれたノウハウに従って生産・加工・製造された農産物、食品、飲料が対象。すべての段階がその地域で行われなければならない。 | 特定の地理的領域と密接に関連した農産物、食品、飲料が対象。生産・加工・製造の少なくとも一段階がその地域で行われていなければならない。 | 伝統的なレシピや製法に基づいて製造された製品。 |
| 代表例 | ロックフォール（ブルーチーズ） | アバッキオ・ロマーナ（子羊の肉） | ベルギー産ビール |

（出典）　筆者作成。マーク出典は図表3－1と同じ。

いう子羊の肉である。

　PGIは少なくとも一段階がその地域で行われればよいので、PDOよりも緩い規定といえる。④の「Linkの考え方」で説明するが、PGIでは消費者調査などで「産物の特異性」などが認められるケースがある。

### c　伝統的特産品保証（Traditional Speciality Guaranteed、TSG）

　伝統的なレシピや製法に基づいて製造された製品であることを保証するものである。代表例は「ベルギー産ビール」である。

## ②　認定手続き[11]

　GIの認定手続きの流れを説明する（図表３－３）。EU規則の改正後は国内外とも同じ手続きとなるが、現時点ではEU域内の産品と非EU域内の産品では入り口が異なる（2022年11月15日時点）。

### a　明細書の作成と申請

　EU域内も非EU域内も、生産者団体は、申請前に申請する商品の特徴などを記載した「明細書」を作成しなければならない。その後、EU域内の生産者は各加盟国に、非EU域内の生産者はECに直接または自国を経由してECに申請する。

### b　加盟国や原産国における審査

　EU域内の申請である場合、加盟国は国内生産者から受理した申請内容を精査し、ECに送付する前に国内で「異議申立」の手続きをとることが求められている。第三国の団体や関連当局も異議を申し立てることができる。

　非EU域内の申請である場合、原産国におけるGI名称の保護の確認を行う。

---

11　EUウェブサイト（https://agriculture.ec.europa.eu/farming/geographical-indications-and-quality-schemes/registration-name-gi-product_en）

図表 3 − 3 ECにおけるGI登録の流れ

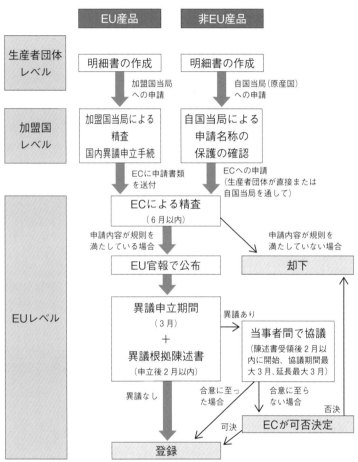

(出典) ジェトロ・ブリュッセル事務所「EUの地理的表示（GI）保護制度
（2015年 2 月）」（https://www.jetro.go.jp/ext_images/jfile/report/
07001948/EU_GI_Report2015.pdf）p.7の図 1 を基に筆者により用語を統
一のうえ転載

c ECによる審査（6月以内）

　申請内容が規則1151/2012を満たしている場合は「EU官報で交付」する。申請内容が規則1151/2012を満たしていない場合は「却下」する。

d 異議申立期間（3月）と登録

　この段階で異議が出なければ登録となる。異議が出た場合は申請者と異議申立者の間で協議し、合意に至らない場合は最終的にECが登録可否を判断する。いずれの場合も、結果はEU官報に公表される。

## ③　登録時の審査要件

　GI登録の申請者ガイド[12]によると、ECによる明細書の審査を通じて、「名称（一般名称でないことなど）」「品質などの特性」「生産地域」「産品の品質等の特徴と地域の結びつき（Link）」「管理体制」などを審査する（図表3－4）。

　この審査要件のなかで「産品の品質等の特徴と地域の結びつき（Link）」が重要である。Linkとは「地域の特異性」「産物の特異性」「地域の特異性と産物の特異性の因果関係」が相互に関連し、首尾一貫した内容となっていることである。

a 地域の特異性

　気候、土壌条件その他の自然的要素（高度、土地の向きなど）、伝統的技術、生産方法、ノウハウ、その他人的要素である。

b 産物の特異性

　地域の特異性の要素により生じる産物の特異性である。

c 「地域の特異性」と「産物の特異性」の因果関係（Link）

　地域の有する自然的・人的要素がどのように、またはどの程度産品の品質などの特徴に影響しているかである。

---

12　PDOおよびPGIの登録申請の準備に際して、申請者を補助することを目的に、EUが作成したガイド。ただし、本ガイド自体に法的拘束力はないことに注意が必要である。

図表3－4　登録時の審査要件

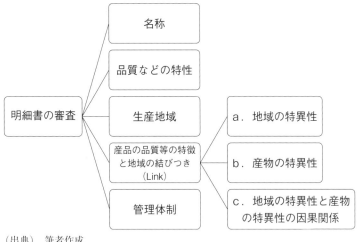

（出典）　筆者作成

### ④ 「産品の品質等の特徴と地域の結びつき（Link）」 の考え方

GIの審査のうえでも、ブランディング、マーケティングの戦略のうえでもLinkの考え方を理解しておくことは重要である（図表3－5）。一般論ではLinkの考え方が分かりにくいので、EUの事例を紹介する。PDOはPGIより要件が厳しいことがご理解いただけると思う。

#### a　PDOの生肉・肉製品

PDOの事例では、生肉・肉製品の「Linkの要素」には、「土壌」「気候」「地域特性」などの原産地の自然的要素の特殊性と、自然環境を克服する「生産ノウハウ等の人的要素」の特殊性を兼ね備えたうえに、「地域産の特別の餌」「品種」の要素を持つ産品が多い（図表3－6）。

例えば、英国の羊肉の「Isle of Man Manx　Loaghtan Lamb」は、島の独特の環境に1000年以上かけて適合した固有種の利用、特徴的な島の

図表3-5　地理的表示の登録申請者ガイドなどにおけるLinkの考え方

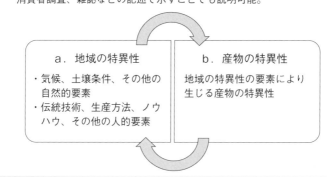

c．「地域の特異性」と「産物の特異性」の因果関係
・地域が有する自然的・人的要素が、どのように、またはどの程度、産品の品質などの特徴に影響しているのか
・必ずしも科学的なデータに基づくものに限らず、経験的なものでもよい（ただし因果関係を示すことは必要）
・PDOは、強固なつながりであることが必要。PGIは、評判を受賞歴、消費者調査、雑誌などの記述で示すことでも説明可能。

a．地域の特異性
・気候、土壌条件、その他の自然的要素
・伝統技術、生産方法、ノウハウ、その他の人的要素

b．産物の特異性
地域の特異性の要素により生じる産物の特異性

（出典）　筆者作成

植生、環境に適合した伝統的技術が羊肉の特徴を生み出している。

### b　PGIの生肉・肉製品

　PGIの事例では、伝統的な「ノウハウ等の人的要素」の特殊性および消費者調査、文献での記述等を根拠とする「社会的評価の説明」を主たる要素として説明している産品が多い（図表3-7）。

　例えば、ドイツの牛肉の「Bayerisches Rindfleisch」は、その地域での数百年の生産の伝統と重要性が、農業者を専門家にしている。消費者調査で高い評価とされる。どういう技術か不明確だが、伝統的品種（複数）であり、複数の消費者調査で、地方の料理における重要性が指摘されている。なお、ドイツ国民の65%がこの牛肉を上質品と認識していることが、ドイツの国内のGI要件となっている。

図表3-6　PDOの生肉・肉製品のLinkの内容

| 名称 | 国名 | 産品分類 | Linkの概要 | Linkの要素 | | | | | |
|------|------|----------|-----------|------|------|--------|--------------------|------------|----------|
| | | | | 土壌 | 気候 | 地域特性 | 生産ノウハウ等の人的要素 | 地域産の特別の餌 | 品種(注) |
| Maine-Anjou | 仏 | 牛肉 | 水分保持力の低い土壌と夏期のごく小雨の気候により、やせた独特の牧草地となり、これに適合する品種の選択と飼育ノウハウが特徴を生み出している。 | ○ | ○ | | ○ | ○（独特の牧草） | △ |
| Lapin Poron Liha | フィンランド | トナカイ肉 | ラップランドの特徴的気候、風土のもと放牧され、タンパク質、ビタミン、ミネラルに富む多様な餌が独特の特徴を生み出している。 | | ○ | ○（ラップランド） | ○ | ○ | |
| Isle of Man Manx Loaghtan Lamb | 英 | 羊肉 | 島の独特の環境に1000年以上かけて適合した固有種の利用、特徴的な島の植生、環境に適合した伝統的技術が特徴を生み出している。 | ○ | ○ | ○(島) | ○ | ○（改良されていない牧草） | ○ |
| Barèges-Gavarnie | 仏 | 羊肉 | 孤立した谷の気候で高度ごとに異なる植生を最大限利用する飼養技術、環境に適合した固有種の利用が独特の特徴を生み出している。 | | ○ | ○(谷) | ○ | ○ | ○ |

(注)　地域固有種は○、その地域に適合した特別の品種の選択は△とした。
(出典)　農林水産省ウェブサイト（https://www.maff.go.jp/primaff/koho/seminar/2012/attach/pdf/121218_03.pdf）を基に筆者作成

図表 3 － 7　PGIの生肉・肉製品のLinkの内容

| 名称 | 国名 | 産品分類 | Linkの概要 | Linkの要素 | | | | | | |
|------|------|---------|-----------|------|------|--------------|------------------|------|------|
| | | | | 土壌 | 気候 | その他地域特性 | ノウハウ等の人的要素 | 地域産の特別の餌 | 品種 | 社会的評価の説明 |
| Bayerisches Rindfleisch | ドイツ | 牛肉 | その地域での数百年の生産の伝統と重要性が、農業者を専門家にしている。消費者調査で高い評価。 | | | | △（どういう技術か不明確） | | 伝統的品種（複数） | 消費者調査（複数）、地方の料理における重要性 |
| Oie d'Anjou | フランス | ガチョウ肉 | 地域環境に適合した古くからの技術に影響された生産技術（太りをよくする技術）が胸肉の太りのよい品質を生み出している。 | | | | ○ | | | |
| Agneau du Périgord | フランス | 羊肉 | 品種の選択、餌やりの方法等の生産ノウハウが品質を生み出している。19世 | | | | ○ | | | 料理書への記載、レストランメニューでの言及 |

| | | | | | | | | | | |
|---|---|---|---|---|---|---|---|---|---|---|
| | | | 紀から生産が盛んで、20世紀初頭の料理書に記載。多くのレストランメニューで本産品に言及。 | | | | | | | |
| Génisse Fleur d'Aubrac | フランス | 牛肉 | 高度により異なる土壌、気候に適合した放牧のノウハウ、2品種の交配技術等により品質が生み出されている。印刷物等により明らかな評価あり。 | ○ | ○ | ○（高度差） | ○ | | 特定2品種の交配（Aubrac×Charolaris） | 受賞歴、印刷物での言及 |

（注）　地域特性が記載してあっても、特徴との関係が明らかにされていないものは○としない。また、単に良品種の選択と考えられるものも特記しない。

（出典）　農林水産省ウェブサイト（https://www.maff.go.jp/primaff/koho/seminar/2012/attach/pdf/121218_03.pdf）を基に筆者作成

## c　PDOとPGIのチーズ

　PDOの事例では、原料乳が特別の特徴を有するその地域産のものであることが共通の特徴であり、その地域の土壌、気候等の自然的要素が原料に特別の性格を与えていることを説明している。加えて、地域固有種の利用、特別の菌の使用等も特徴である。

　PGIの事例では、原料乳が地域産以外のものであることが多く、地域の自然的要素の特殊性は必ずしも強調されていない。また、地域の人的要素

の特殊性を持たず、社会的評価のみでLinkを説明するものもある。

## d　PDOとPGIの果物・野菜・穀物

PDOの事例では、土壌、気候などの自然的要素の特殊性をLinkとして強調する事例が多いことが特徴である。

PGIの事例では、自然的要素の特殊性がPDOほど強調されておらず、高度や土地の傾斜といった地域独特の特性も要素としてあげられていないものの、Linkの内容に係るPDOとの決定的な差はみられない。

## ⑤　連携協定[13]

EUでGIとして保護されるものは「ECに申請・登録されたGI」と「経済連携協定などの条約が締結されている非EUの国や地域のGI」の2種類がある。

EU以外の原産の産品名も、その原産国がEUとの二国間協定または地域協定を締結しており[14]、その協定にGIの相互保護が含まれている場合、GIとして登録できる。このGIには、PDOやPGIなどの区別はなく、GIとしてのみ表記される（前掲図表3－1）。

現在、米国、スイス、日本、南アフリカ、韓国、ベトナムなどのEU加盟国以外の国で生産されたさまざまな産品（農産物、ワイン、蒸留酒）のGIが保護されている（後述する図表3－16を参照）。

日本政府は「日EU経済連携協定（2019年2月発効）[15]」を介して、条約発効時には日本の農産品48産品、酒類8産品の呼称がEU市場でも保護されるようになった。また、EUを離脱した英国とは、「日英包括的経済連携協定（2021年1月発効）[16]」を介して同様の措置をとっている。

---

13　https://policy.trade.ec.europa.eu/enforcement-and-protection/protecting-eu-creations-inventions-and-designs_en

14　https://policy.trade.ec.europa.eu/eu-trade-relationships-country-and-region/negotiations-and-agreements_en

15　外務省ウェブサイト（https://www.mofa.go.jp/mofaj/gaiko/page6_000042.html）

## ⑥ GI登録簿[17]

ECでは、GI審査中またはGI登録した産品は、法的な「GI登録簿」に記載される。この登録簿には、各産品の地理的および生産仕様に関する情報も含まれており、大いに参考になる。条約に基づいてEU域内で保護されるGIを含めて、ECには4つの検索サイトが開示されているので紹介する。

### a eAmbrosia[18]

「eAmbrosia（アンブロシア）」は「法的登録簿」である。EU全域の農産物、食品、ワイン、蒸留酒のGIを確認することができる。このサイトでは、GIのカテゴリー（PDO、PGI、GI）、国名、産品の種類、登録年などからも検索することができる（図表3－8）。GI登録日などの重要な日付や出版物（リンク先）なども表示される。

現在登録されているGI（申請中などを除く）を検索すると、PDOが1,860件、PGIが1,368件、GIが259件、合計3,487件がヒットした（2022年11月15日時点）。

### b eAmbrosia（TSG）[19]

TSGについての法的登録簿である。TSGは、伝統的な製造方法とレシピを保護するためのGIであるが、TSGが検索できるのはこのサイトだけである（図表3－9）。

現在、登録されているTSGは69件とかなり少ない。ポーランドが10件と一番多い。ベルギー、ブルガリア、英国[20]の各国が5件で第2位、「チェ

---

16 外務省ウェブサイト（https://www.mofa.go.jp/mofaj/ecm/ie/page22_003344.html）

17 https://agriculture.ec.europa.eu/farming/geographical-indications-and-quality-schemes/geographical-indications-registers_en

18 https://ec.europa.eu/info/food-farming-fisheries/food-safety-and-quality/certification/quality-labels/geographical-indications-register/

19 https://ec.europa.eu/info/food-farming-fisheries/food-safety-and-quality/certification/quality-labels/geographical-indications-register/tsg

20 英国はEUを離脱したが、EUと条約を締結しているためGIは有効である。

図表 3 − 8　eAmbrosia（法的GI登録簿）

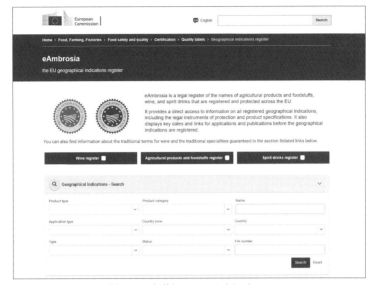

（出典）　eAmbrosia（法的GI登録簿）ウェブサイト（https://ec.europa.eu/info/
　　　　food-farming-fisheries/food-safety-and-quality/certification/quality-
　　　　labels/geographical-indications-register/）

コ・スロバキア」、イタリア、オランダ、スロベニア、スペインがそれぞ
れ 4 件である。

　他の登録簿も同様であるが、「チェコ＝スロバキア」のように、国名に
2 つ以上の国名が併記されているケースがランキングの低い順位では結構
ある。昔は同じ国だったなどの事情を垣間見ることができる[21]（2022年11
月15日現在）。

c　eAmbrosia（Traditional terms）[22、23]

　EUで保護されているワインの伝統的な用語が検索できるサイトである
（図表 3 −10）。「伝統的な用語」とは、保護された原産地呼称または地理
的表示を持つワインの生産または熟成方法、色、場所の種類、または特定

図表 3 − 9　eAmbrosia（TSG登録簿）

（出典）　eAmbrosia（TSG登録簿）ウェブサイト（https://ec.europa.eu/info/
　　　　food-farming-fisheries/food-safety-and-quality/certification/quality-
　　　　labels/geographical-indications-register/tsg）

---

21　日本の地域団体商標の例であるが、「本場結城紬」の権利者は「本場結城紬
　　卸商協同組合（茨城県結城市）」「茨城県本場結城紬織物協同組合（茨城県結城
　　市）」「栃木県本場結城紬織物協同組合（栃木県小山市）」の3者である。この
　　ように、現在の国や地域の境界を越えることは、歴史のある地域資源ではよく
　　あることである。反対に、無理やり1つの国や地域でGIや地域団体商標を取
　　得することは適切でないと思う。「紀州備長炭」の地域団体商標の権利者に三
　　重県の備長炭の生産者が入っておらず問題だと新聞報道された。徳川御三家の
　　紀州藩は和歌山県と三重県の一部などを含む広域の藩だった。
22　https://ec.europa.eu/info/food-farming-fisheries/food-safety-and-quality/
　　certification/quality-labels/geographical-indications-register/tdt
23　検索機能を使えば、EUで保護されている従来の用語の詳細を確認できる。

図表3−10　eAmbrosia（Traditional terms登録簿）

（出典）　eAmbrosia（Traditional terms登録簿）ウェブサイト（https://ec.
europa.eu/info/food-farming-fisheries/food-safety-and-quality/
certification/quality-labels/geographical-indications-register/）

の歴史的出来事に関する情報を消費者に伝えるために伝統的に使用される
用語である。

　いくつかの伝統的な用語は、ワインが保護されたPDOまたはGIを持っ
ていることを示すために伝統的に使用されている。現在、377件の用語が
登録されている（2022年11月15日現在）。

　例えば、「Schilfwein（シルフヴァイン：藁ワイン）」については、図
表3−11のデータとともに、「ぶどうは圧搾前に少なくとも3カ月間、葦
や藁の上で保存し自然乾燥させなければならない。最低糖度は25°KMW
でなければならず、濃縮や加糖は許されない。実際のアルコール度数は最

図表 3 −11　Schilfweinの伝統的な用語

| 登録名 | シルフヴァイン |
|---|---|
| 登録 | ワインの伝統的な用語 |
| 状態 | 登録済み |
| 製品のクラスまたはカテゴリー | 伝統用語 |
| 保護タイプ | 伝統用語 |
| 原産国 | オーストリア |
| 従来の用語タイプ | PDO/PGIの代わりに |
| 伝統的な用語の言語 | ドイツ語 |
| 保護の理由 | EU協定 |

（出典）　筆者作成

低5％で、最大収量は1haあたり9,000kg、または6,750ℓのワインである。このワインは、品質ワインチェック番号を付けてのみ販売することができる」と定義が説明されている。

d　GIview[24、25]

「ECに申請して登録されているGI」と「条約に基づいて保護されている非EU域内のGI」の両方を検索することができるサイトである（図表3−12）。現時点（2022年12月）では5,360件が登録されている。「産品（ワイン、農産物および食料品、蒸留酒）の種類」「GIのカテゴリー（PDO、PGI、GI）」「GIの法的地位（申請中、登録済みなど）」「国名」「条約ルート」などで検索できる[26]。

保護されている産品の性質に関する情報、関連する地理的領域へのリン

---

24　https://www.tmdn.org/giview/gi/search
25　https://www.tmdn.org/giview/gi/faq
26　EU域外の国の産品の名称が条約で保護される場合のGIのカテゴリーは、PDOやPGIはなく、「GI」だけである。これは「上位概念のGI」と考えられる。

図表 3-12 GIviewの検索サイト（リスト）

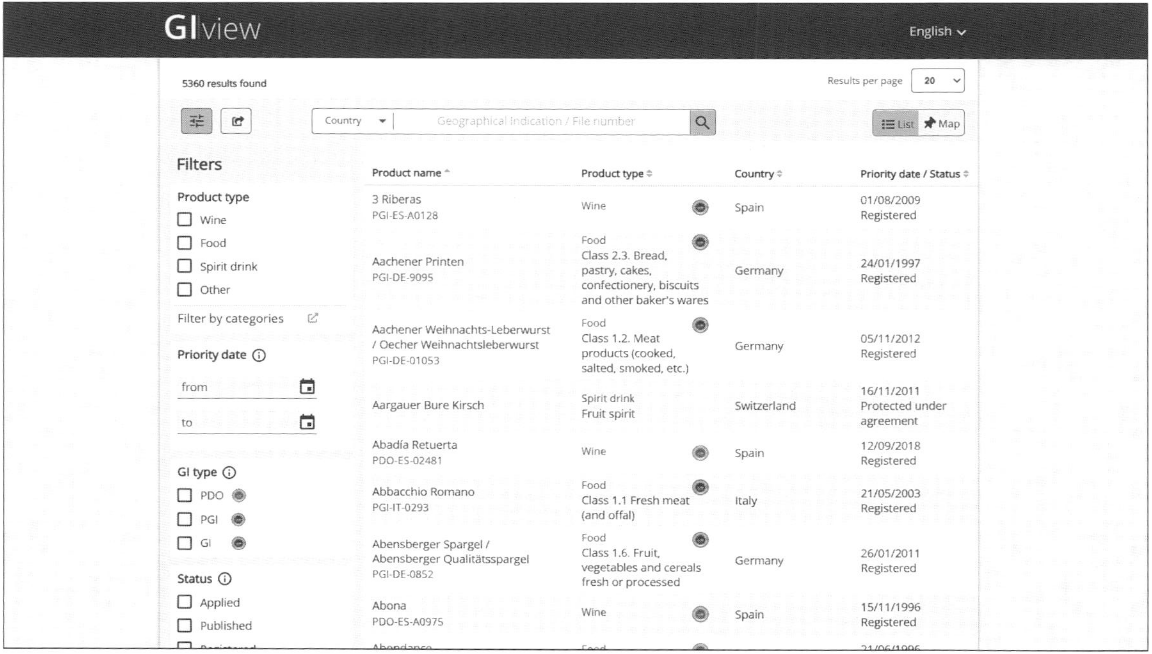

（出典）https://www.tmdn.org/giview/gi/search

ク、明細書または製品仕様書へのリンクもある。日本の組合の関係者にとって、海外の明細書を学ぶことができる便利なサイトである。輸出を見据えて、欧州市場が評価したくなる明細書の作成が重要だ。

「GIview」には、ぶどう酒、蒸留酒、農業産品、食品などについては掲載されているが、「非農産物（ガラス製品、織物、その他の工業製品や工芸品など、⑩で説明)」についての掲載はない。例えば、タイでは「タイシルク」をGIで保護している[27]が、2022年12月時点でEUは非農産物をGIで保護しておらず、これは日本も同様である。

また、「GIview」には、TSGは含まれていない。eAmbrosia（TSG）でのみ確認することができる。

前述したとおり、日本はEUと「日EU経済連携協定」を締結してGIを相互認証するスキームを持っている。現在、日本のGIは111件がGIviewに登録されている。ちなみにアジアでは、中国110件、韓国64件、ベトナム40件、タイ5件、カンボジア3件、インド3件である。図表3－13の地図の日本列島に重なる「285」の数字は、日本、韓国、中国のGIを合計した数である（2022年11月25日現在）。

日本のGIとは何が登録されているのだろう。巻末資料2に整理したのでご覧いただきたい。日EU経済連携協定が発効した2019年2月1日に55産品、2年後の2021年2月1日に追加で28産品、翌年の2022年2月1日にさらに追加で28産品が優先日を明記して保護されている。神戸ビーフ（神戸肉、神戸牛）など、海外でも有名な産品もあれば、これからマーケティングを開始するだろう産品もある。食品、ぶどう酒、蒸留酒に加えて、「その他」という産品の種類が気になる。これは、日本酒や梅酒が該当する。日本のGI制度については後述する。

### e　ECの登録簿に記載されているGIデータ

ECの登録簿である「eAmbrosia」と「eAmbrosia（TSG）」に格納

---

27　https://www.thailandtravel.or.jp/gi-product/northeastern/

72

図表 3 −13 GIviewの検索サイト（地図表示）

（出典） https://www.tmdn.org/giview/gi/search

図表3−14　ECに直接申請・登録されたGIの国別ランキング

| 順位 | 国名 | PDO | PGI | GI | TSG | 合計 |
|---|---|---|---|---|---|---|
| 1 | イタリア | 581 | 261 | 33 | 4 | 879 |
| 2 | フランス | 471 | 224 | 50 | 2 | 747 |
| 3 | スペイン | 206 | 138 | 19 | 4 | 367 |
| 4 | ギリシャ | 112 | 149 | 14 | | 275 |
| 5 | ポルトガル | 95 | 88 | 11 | 2 | 196 |
| 6 | ドイツ | 31 | 109 | 33 | | 173 |
| 7 | 中国 | 4 | 99 | 7 | | 110 |
| 8 | ハンガリー | 42 | 26 | 12 | 2 | 82 |
| 9 | 英国 | 30 | 44 | 2 | 5 | 81 |
| 10 | ブルガリア | 53 | 4 | 12 | 5 | 74 |
| 30 | タイ | | 4 | | | 4 |
| 34 | カンボジア | | 2 | | | 2 |
| 34 | インドネシア | 1 | 1 | | | 2 |
| 34 | 米国 | 1 | 1 | | | 2 |
| 41 | インド | | 1 | | | 1 |
| 41 | モンゴル | | 1 | | | 1 |
| 41 | スリランカ | | 1 | | | 1 |
| 41 | ベトナム | 1 | | | | 1 |
| | 総計 | 1,860 | 1,368 | 259 | 69 | 3,556 |

（出典）　eAmbrosiaのサイトを基に筆者作成（2022年11月15日時点）

されている2つのデータを合算して、ECに申請・登録されているPDO、PGI、TSG、GIのデータをまとめた（図表3−14）。この表には、「条約に基づいてEU域内で保護されているGI」は含まれず、直接ECに手続きを

行ったGIだけである。各国の戦略がみえる。

　合計が多い順に国のランキングを作ると、イタリア（879件）、フランス（747件）、スペイン（367件）がEU域内では不動のトップ3である。

　アジアでは、中国（110件）、タイ（4件）、カンボジアとインドネシア（各2件）、インド、モンゴル、スリランカ、ベトナム（各1件）のGIが保護されていることに驚く。これらのGIは条約ルートではなく、ECへの直接出願であるから、早い段階からグローバル戦略をとっていたことになる。日本からECに直接申請したGIはない。

　WTOのパネルを通じて、EU以外の国が申請できないのは不公正だと厳しく指摘した米国はECへの申請・登録はわずか2件だった。次で述べるが、米国は条約ルートではかなり多数の登録がある。

　ちなみに中国のGIは、2012年まで「鎮江香醋（黒酢の一種）」「龙井茶（お茶の一種）」などの10件だけが登録されていた（詳細は、第5章の図表5－6）。ところが、2017年に大量申請があり、2021年に一挙に100件の追加登録がなされている（図表3－15）。日本では報道されなかったが、2017年に中国で大きなイベントがあった。詳細は第5章で述べる。

### f 「条約に基づいてEU域内で保護されているGIデータ」と「EUの登録簿に申請して登録されたPDO、PGI、GIデータ」の解析

　GIviewを用いて、「条約に基づいて、EU域内で保護されているGI」と「EUの登録簿にあるPDO、PGI、GI」を分析する。TSGはこの検索サイトの対象外である。国別のランキングを作成した。トップ10とともに、特色のある国を掲載した（図表3－16）。

　「国名」にアミかけのあるものはアジアの国、「条約に基づく保護」と「EU登録簿」にアミかけのあるものは2つの制度を活用している国を特色とした。2つの制度を活用することに戦略があるのかもしれない。

　米国は両方の制度を活用している国である。「条約に基づく保護」で680件ものGIが保護されているために第3位となった。678件がワインで、残りの2件が蒸留酒である。米国がEUに直接登録しているPDOは「ナパ・

74

図表3－15　中国がEUでPDO、PGI、GIを公開した年と登録した年の相関

| | | 登録年 | | | | |
|---|---|---|---|---|---|---|
| | | 2010年 | 2011年 | 2012年 | 2021年 | 合計 |
| 公開年 | 2010年 | 1 | 4 | 1 | | 6 |
| | 2011年 | | 1 | 1 | | 2 |
| | 2012年 | | | 2 | | 2 |
| | 2017年 | | | | 99 | 99 |
| | 2019年 | | | | 1 | 1 |
| | 合計 | 1 | 5 | 4 | 100 | 110 |

（出典）　eAmbrosiaのサイトを基に筆者作成（2022年11月15日時点）

図表3－16　「条約に基づきEU域内で保護されているGI」と「EUで直接
　　　　　登録されているPDOとPGIとGI」のランキング

| 順位 | 国名 | 条約に基づく保護 | EU登録簿 | | | 合計 |
|---|---|---|---|---|---|---|
| | | GI | PDO | PGI | GI | |
| 1 | イタリア | | 581 | 261 | 33 | 875 |
| 2 | フランス | | 471 | 224 | 50 | 745 |
| 3 | 米国 | 680 | 1 | 1 | | 682 |
| 4 | スペイン | | 206 | 138 | 19 | 363 |
| 5 | ギリシャ | | 112 | 149 | 14 | 275 |
| 6 | ポルトガル | | 95 | 88 | 11 | 194 |
| 7 | スイス | 186 | | | | 186 |
| 8 | ドイツ | | 31 | 109 | 33 | 173 |
| 9 | 日本 | 111 | | | | 111 |
| 10 | 中国 | | 4 | 99 | 7 | 110 |

| 12 | 南アフリカ | 105 | 1 |  |  | 106 |
|---|---|---|---|---|---|---|
| 19 | 韓国 | 64 |  |  |  | 64 |
| 24 | ベトナム | 39 | 1 |  |  | 40 |
| 34 | コロンビア | 12 |  | 1 |  | 13 |
| 44 | メキシコ | 6 |  |  | 1 | 7 |
| 47 | ペルー | 3 |  |  | 1 | 4 |
| 48 | タイ |  |  | 4 |  | 4 |
| 50 | カンボジア | 1 |  | 2 |  | 3 |
| 52 | グアテマラ | 2 |  |  | 1 | 3 |
| 60 | インドネシア |  | 1 | 1 |  | 2 |
| 78 | インド |  |  | 1 |  | 1 |
| 80 | モンゴル |  |  | 1 |  | 1 |
| 82 | スリランカ |  |  | 1 |  | 1 |
|  | 合計 | 1,669 | 1,860 | 1,368 | 259 | 5,156 |

（出典）　GIviewのサイトを基に筆者作成（2022年11月15日時点）

バレー」、PGIは「ウィラメット・バレー」とワインのGIである。米国にこんなに多くのワインのGIがあることに驚かされる。この表には掲載できないが、米国からECに申請・審査中のPGIが1つだけある。「アラスカ産スケトウダラ」であり、唯一の食品GIである。

　直接申請ルートで認められれば、EUのPDOとPGIマークが使用できる。条約ルートの場合は、PDOとPGIマークは使用できない。両ルートのメリット・デメリットの検証が必要だ。

## ⑦　品質管理

　ECはGIの品質管理の最低限の仕組みを規定しているが、国によって異

なる部分がある。筆者はイタリアが一番厳しいと思う。理由は、司法警官による抜き打ち検査があるからだ[28]。食の偽装は多くの国で発生している。消費者のために歯止めが欲しい。事前通告の調査では漏れが出るので、抜き打ち検査を行い、違反者は差し止めたり、高額の賠償金を課したり、刑務所に送致することが（残念だが）有効な手立てのようだ。

## a　登 録 時

ECは、明細書の作成（品質、生産方法、特徴と地域との関連等について記載された明細書の作成）と登録時の審査（登録にあたっての明細書の内容に係る実質的審査、内容の公示）のときに「産品の特徴となる品質等の保証」を行っている。

## b　登 録 後

明細書との適合性の確保（公的機関または独立した第三者機関（検査機関）による監査）や違反（偽装品）に対する対応（公的機関による取締り、真正な生産者による差止め、損害賠償など）で「登録産品に関する品質等の管理」を行っている（図表3−17）。

## c　登録後の品質管理の具体例

PDO／PGI産品に関する品質管理体制については、「検査機関（公的機関から権限委任）による個別産品が産物明細書で定められた要件に適合するかどうかを確認する体制」と「公的管理当局による産地・品質要件等について産物明細書に適合しない製品を取り締まる体制」の2種類に大別される。

前者の例として「プロシュット・ディ・パルマ（イタリア：PDO）」が、後者の例として「フランスの原産地表示の保護システム」があげられる。

---

28　2015年に開催された「ミラノ万博」を調査した際、日本館に出店していた「美濃吉」の料理長からお話を伺った。当時、本物の鰹節はベンゾピレンの問題でEUに輸出できなかった。食の祭典のミラノ万博の開催地は特区とされ、特別に使用が許されていた。ところが、この鰹節の使用量（だしをとった後の残渣）をイタリアの取締官が抜き打ち検査していた。食に対する取組みに脱帽した。ルールを遵守させるには抑止力が重要だと思った次第である。

図表3－17　EUの地理的表示保護制度における品質等の管理方法

| 登録時：産品の特徴となる品質等の保証 | |
|---|---|
| 明細書の作成<br>品質、生産方法、特徴と地域との関連等について記載された明細書の作成 | 登録時の審査<br>登録にあたっての明細書の内容に係る実質的審査、内容の公示 |

| 登録後：登録産品に関する品質等の管理 | |
|---|---|
| 明細書との適合性の確保<br>公的機関または独立した第三者機関（検査機関）による監査 | 違反（偽装品）に対する対応<br>①公的機関による取締り、②真正な生産者による差止め、損害賠償 |

（出典）　筆者作成

## d　プロシュット・ディ・パルマ（イタリア：PDO）の例

　後述するが、パルマハム協会[29]はGIの先駆者である。1963年に「パルマ」の名が示す本物の製品とそのイメージを保護するため、23の生産者たちのイニシアチブによって「パルマハム協会」が立ち上げられた。1970年に最初の「パルマハム保護法」が通過した後からは原産地呼称（地理的表示）を保護し、宣伝する公的機関となった。

　現在、150のパルマハム生産者で構成されている。この協会は明細書を作成し、イタリア農業食料森林政策省（管理当局）に提出した。生産者団体は豚生産農家、食肉処理業者、ハム製造業者を自主管理している。生産者団体は「パルマハム」という名称と、それに準ずるブランド、焼印、IDシールの使用を保護し、その名称の不正使用、および不正競争が行わ

---

[29]　http://parmaham.org/

図表 3−18　プロシュット・ディ・パルマ（イタリア：PDO）の例

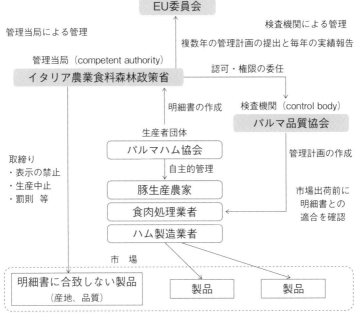

（出典）「地理的表示の保護制度について―EUの地理的表示保護制度と我が国
　　　への制度の導入―研究報告書」（2012年6月、農林水産政策研究所、
　　　https://agriknowledge.affrc.go.jp/RN/2039017990.pdf）p.17から筆者加工

れた場合に禁止措置をとることができる。

　管理当局は市場で販売されている明細書に合致しない製品（産地、品
質）を取り締まり、表示の禁止、生産中止などを行う（「管理当局による
管理」）。

　他方、パルマ品質協会（検査機関）に管理計画の作成や市場出荷前に明
細書との適合を確認するなどを委任している（「検査機関による管理」）。

　具体的には、養豚場、屠殺場、生産者および関係業者が、法律および規
則で定められた規定を順守しているかどうかを専任の検査官が司法警官と

して監視する役割を負っている。検査官は、パルマハムを生産、包装、保持、販売するいかなる施設において、あらゆる検査もしくは規制をする権利が与えられている。不正な扱いが認められた場合は、行政、民事、または刑事措置により起訴することができる。

そして、管理当局はEU委員会に複数年の管理計画の提出と毎年の実績報告を行っている。

### e　フランスの品質管理体制の例[30]

フランス農業省の監督下のINAO[31]は、原産地と品質の識別の標識を管理している。管理対象は、AOC[32]、PDO、PGI、TSG、AB（Agriculture Biologique、有機農業などの生産方法）、Label Rouge（より高いレベルの品質を持つ製品）である。INAOは「防衛管理機関（Organisme de Défense et de Gestion、ODG）」を承認し、ODGは内部管理の役割を担っている[33、34]。並行して、INAOの「承認および管理委員会」はコントロール機関を認可し、この「コントロール機関」は外部管理を行う[35]。

---

30　https://www.eu-japan.eu/sites/eu-japan.eu/files/BERTHOLLET_ENJP.pdf

31　1935年に「ワイン・蒸留酒全国委員会を制定するデクレ・ロワ（法律）」で「国立委員会（Comite National）」が設立された（INAOの前身）。1947年に管理する委員会を「国立原産地名称研究所（Institut National des Appellations d'Origine：INAO）」と改称した。P.iv略称一覧参照。現在のINAOの主な仕事は、フランスの国内外で、ワイン、ブランデーに関する原産地呼称の保護と防衛をすること、原産地呼称の新設・統廃合の承認をすること、全国ワイン同業者連合事務局（ONIVINS）、消費管理・不正行為取締局（DCRF）、間接税総局（DGI）と協同でワイン製造から流通、消費に至る各段階での点検することなどである。

32　2012年以降、フランスの産品はEUでGI登録されると「AOP」の表示をする必要があるが、ワインのみ「AOC」を表示することが認められている（https://www.inao.gouv.fr/Les-signes-officiels-de-la-qualite-et-de-l-origine-SIQO/Appellation-d-origine-protegee-controlee-AOP-AOC）。

33　https://www.inao.gouv.fr/Espace-professionnel-et-outils/Les-organismes-de-defense-et-de-gestion-ODG

34　https://www.paq.fr/odg-paq/qu-est-ce-un-odg/

図表3−19 フランスの原産地表示の保護システム

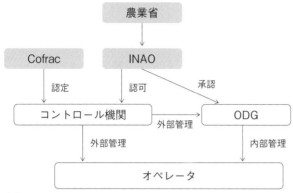

出典：Tidiane, 2007, p.56

（出典）「地理的表示の保護制度について―EUの地理的表示保護制度と我が国への制度の導入―研究報告書」（2012年6月、農林水産政策研究所、https://agriknowledge.affrc.go.jp/RN/2039017990.pdf）p.129から転載（図表タイトルは筆者）

　他方、フランス認定委員会（Cofrac）は「適合性評価に関与する管理機関」を認定する唯一の機関であり、認定されたコントロール機関はオペレータを外部管理する[36]（図表3−19）。

## ⑧ 山岳産品[37、38]

　伝統的な特産品の品質スキームを再実施する。「山岳産品」とは、自然

---

[35] https://www.inao.gouv.fr/Institut-national-de-l-origine-et-de-la-qualite/Les-instances-de-l-INAO

[36] https://www.cofrac.fr/qui-sommes-nous/notre-organisation/

[37] https://op.europa.eu/en/publication-detail/-/publication/654ff744-0649-44d7-a0b1-afbeb3c23da9

[38] ECは、2012年11月21日の欧州議会および理事会の農産物および食品の品質スキームに関する新しい規則（EU）No 1151/2012の一般原則に特例を設定する実施法を採択した。

条件の厳しい山岳地帯で作られた製品の特徴を強調するものだ。市場に出回っている山岳産品をより明確に識別可能とし、消費者にとって誤解を招きにくいものにすることが目的である。農産物のラベル表示におけるオプションの品質用語として「山岳産品」の定義を法律で制定した。

「山岳産品」という用語は、飼料と原材料が本質的に山岳地帯に由来する製品にのみ使用できる。山岳地域における農産物および食品のサプライチェーンに関する情報の収集および分析を行おうとしている。新しいオプションの品質用語の「山岳産品」は、商標や地理的表示などの他の既存の制度との共存を図るものである。

### ⑨　EUの最も外側の地域の製品

EUの最も外側の地域の農業は、地理的条件や気象条件が困難なため、遠隔地や島嶼性のために困難に直面している。具体的には、フランスの海外県グアドループ、フランス領ギアナ、レユニオン、マルティニークとアゾレス諸島、マデイラ島、カナリア諸島などである。これらの地域の農産物の認知度を高めるために専用のロゴが作成された。

### ⑩　新しいGIは工芸品や工業製品[39、40]

2022年4月13日、ECは工芸品や工業製品向けの新たなGI制度の設置規則案を発表した。タイがタイシルクを認証しているように、ECも原産地の独自性のある真正な伝統的製法で生産された陶磁器、ガラス製品、衣類、宝飾品、家具などの工芸品や工業製品の知的財産をGIとして保護する枠組みを規定する規則案を発表したのである。

提案理由として、工芸品や工業製品に関しては、商標や一部の加盟国の国内法令に基づく保護にとどまっている。商標では品質と原産地のつなが

---

39　https://www.jetro.go.jp/biznews/2022/04/da39f735103d430f.html
40　https://ec.europa.eu/commission/presscorner/detail/en/ip_22_2406

りを保護できない。また、EU全体での統一的な保護も必要なことから、ECは規則案を提案したという。

　規則案では、工芸品や工業製品に対しても、農産品などに対する既存のGIと同等の保護を認めるとしている。模倣品対策に加えて、認定された工芸や工業製品の認知度の向上、原産地での観光の活性化、伝統的な製法の後継者の確保、文化遺産の保護などが期待される。

　ECは、想定される保護対象産品の例として、「ムラーノガラス（イタリア）」「リモージュ磁器（フランス）」「ゾーリンゲンの刃物類（ドイツ）」などをあげている。

　現在の案では、工芸品や工業製品がGIの認定を受けるためには、⑴特定の地域、地方、国を原産としており、⑵品質、評判、その他の特性が、原産地に本質的に帰属しており、⑶製造工程のうち少なくとも１つの工程が、指定地域において実施されていることが必要となるとしている。

　ECは、2024年１月からの適用開始を想定し、規則案はEU理事会（閣僚理事会）と欧州議会で審議されるそうである。

　筆者はこの制度に賛成である。農産物・食品・酒類だけでなく、伝統的工芸品も地域の重要な産業である。これらは地域資源と密接に関係しており、付加価値が高い。現在、経済産業省が所管している日本の「伝統的工芸品」は100年以上の歴史のあることなどが要件だ[41]。巻末資料３に整理したとおり、現在240品目が登録されている[42]（2022年11月16日現在）。

　日本も伝統的工芸品をGIと認証する体制を早急に構築すべきと考える。

---

41　伝統的工芸品とは、①日用品であること、②手工業的であること、③伝統的な（100年以上）技術・技法であること、④伝統的に使用された原材料であること、⑤一定の地域で産地形成がなされているという５つの要件をすべて満たし、「伝統的工芸品産業の振興に関する法律（昭和49年法律第57号）」に基づく経済産業大臣の指定を受けた工芸品を指す。
42　経済産業省ウェブサイト（https://www.meti.go.jp/policy/mono_info_service/mono/nichiyo-densan/index.html）

EUのGI産品はかなり早い段階で世界中に広まったため、GI産品の名称が一般名称として使用されている事例が多発している。今、GIを先導するEUは悩みを抱えている。

## ① イタリアの「パルミジャーノ・レッジャーノ」

イタリアを代表する熟成チーズ「パルミジャーノ・レッジャーノ」のGI保護をEUは日本政府に求めたかったが問題があった。英語名は「パルメザンチーズ」。これは日本国内では米国産原料を使った粉チーズとして広く浸透している。森永乳業は緑色の円筒形容器でおなじみの米国産粉チーズ「クラフト100%パルメザンチーズ」として販売している。

もし日本で「パルミジャーノ・レッジャーノ」がGI登録されると翻訳された言葉の「パルメザンチーズ」も使用できなくなるので、商品の名称変更などに迫られる。主要チーズ製造者・生産者らで組織するチーズ公正取引協議会は「一般的に流通した商品名がGI登録されて使えなくなると、消費者が混乱する恐れがある」として、引き続き国内でも使用できるよう求めた。

2019年2月1日、日EU経済連携協定に基づいて、「パルミジャーノ・レッジャーノ」は日本でGI登録された。しかし相変わらず、「クラフト100%パルメザンチーズ」は日本で販売されている。なぜか。開示されている公示書類（指定番号第39号[43]）をみると、

---

43 農林水産省ウェブサイト（https://www.maff.go.jp/j/shokusan/gi_act/designation2/39.html）

○具体的な生産工程

　パルミジャーノ レッジャーノの製造に使用される牛乳の乳牛を飼育する農場は、指定される生産地域内に位置し、同指定地域内で生産及び加工されなければならない。（中略）

　パルミジャーノ レッジャーノはホイールチーズ、カットタイプ又はすりおろしの状態で出荷することができる。消費者保護の観点から、事前包装、すりおろしチーズ及びカットされ小売されるパルミジャーノ レッジャーノは、真正品であることを確保するため、すりおろし、カット及びそれに続く包装工程は指定された生産地域で行われなければならない。（中略）

　パルミジャーノ レッジャーノと位置づけられているホイールチーズだけが、すりおろすことができる。すりおろし後はすぐに包装しなければならず、本チーズの保存特性や官能特性を変えるようないかなる加工や保存料の添加もしてはならない。

（注：上記下線部については、日本国内での消費を目的として、日本国内でカット、販売前の事前包装及び包装等が行われる場合には適用しない。）

との記載がある。最後のこの注の記載がポイントである。既存のビジネスとのバランスをとって、GI登録されたと考えられる。

## ②　フランスの「カマンベール・ド・ノルマンディ」、オランダの「ゴーダ・ホラント」

　フランスの「カマンベール」やオランダの「ゴーダ」も有名なチーズであり、EUは日本でGI保護するよう求めていた。しかしこれらのチーズの名称は国際的に大変有名で、一般名称とも考えられる。そこで、チーズの名称の後に「地名（ド・ノルマンディ）」や「国名（ホラント）」を入れて

識別できる形で、日EU経済連携協定に基づいて登録された。このため、日本国内でカマンベールやゴーダを作っている生産者は継続的に使用できることとなった。

### ③　シャンパーニュ[44、45]

フランスのワインの「シャンパーニュ」などが日本のGI保護を求め、日EU経済連携協定に基づいて多数登録された。シャンパーニュ地方の発泡ワインだけが、「シャンパーニュ」と名乗ることを認められる。その他の地域のフランス製発泡ワインは「ヴァンムスー（Vin Mousseux）」や「スパークリングワイン」と呼ばなければならない。シャンパーニュに関する事件は多いので後述する。

なお、ぶどう酒や蒸留酒などのGIを所管しているのは日本では国税庁である。法律は、「酒類の保全及び酒類業組合等に関する法律」である。

前述したとおり、国税庁は、WTOの発足に際し、ぶどう酒と蒸留酒の地理的表示の保護が加盟国の義務とされたことから、1994年にGI制度を制定した。2015年に全面見直しを行い、すべての酒類が制度の対象となった。

---

44　日本では「シャンパン」と表記されることが多いが、フランスの関係者は納得していないので本稿では「シャンパーニュ」と表記する。
45　国税庁ウェブサイト上、『『経済上の連携に関する日本国と欧州連合との間の協定』により日本で保護する地理的表示（GI）一覧」（https://www.nta.go.jp/taxes/sake/hyoji/chiri/pdf/1901_besshi01.pdf）

# **4** 事例研究

## 事例1：パルマハム

　近年、日本でも「パルマハム（プロシュット・ディ・パルマ）」は身近な食材になっている。少し前は、結婚式の晩餐でメロンの上に一切れ載っているあこがれのハムだった。最近はファミリーレストランでも本物のパルマハムを食べることができる。他方、100ｇが数千円の超高級パルマハムも販売され、選択の範囲が増えている。

　パルマハムは、総生産高7.4億ユーロ（約１兆66億円）、総輸出額2.64億ユーロ（約380億円）、小売売上高17億ユーロ（約２兆450億円）である[46]。ゆっくりと地道に、日本のGI産品がパルマハムのように数兆円規模になる日が来ることを願っている。

　2020年、パルマハムのスライスパックの出荷量は、コロナ禍にもかかわらず対前年比21%増の1,040万1,896kg（9,700万パック）と大変好調だった。パルマハム総生産量872万3,661本のうち、22.8%に当たるハムがスライスパックに使用された。販売先の内訳は、イタリア国内が29%、輸出は71%で84カ国以上に出荷された。スライスパックは、イタリアを含む欧州域内の消費が83%であるが、日本へは前年比34.1%の12万4,425kg（75万1,337パック）が出荷されたという[47]。

　日本人がなぜ生ハムをたくさん食べるようになったのか。イタリア政府、輸出業者の先見性と努力はもちろんあるが、パルマハム協会の戦略が優秀だからである。この協会のウェブサイトは秀逸なので、パルマハムに

---

46　https://parmaham.org/parma-ham-consortium/
47　パルマハム協会のプレスリリース（2021年３月５日【https://parmaham.
org/news/2020年、パルマハムのスライスパックの出荷は過去】）

## パルマハム協会のウェブサイト

（出典）　https://parmaham.org/preparation-of-parma-ham/

ついてはウェブサイトの記載を拝借しながら解説する。

　パルマハム協会は、1963年、イタリアの23の生産者たちのイニシアティブによって立ち上げられた。現在、140の会員を擁し、原料豚の種類から生産地域、生産工程、熟成方法、熟成期間に至るまでの生産基準を管理し、伝統的製品の保護に努めると同時に、世界的な品質保護とプロモーション活動を行っている。またパルマハムはEUのPDO（原産地呼称保護）の認定を受けている。イタリアの生ハムの生産者組合だが、イタリア語、フランス語、ドイツ語、英語、日本語、中国語でウェブサイトから世界中に情報を発信している。

　日本語ページの一部を転載（枠で囲った部分）させていただきながら、このウェブサイトが優れているところを確認しよう。この日本語ページをかれこれ20年近くみているが、毎回大きな進化がある。パルマハムとは何か、歴史や地理を用いて、どのようなストーリーが開示されているか。科学的な分析やトレーサビリティの扱いなどもポイントである。

## ① プロシュット・ディ・パルマ

GI産品の定義についてはこのように書かれている。少し長いが引用させていただく（脚注は筆者）。

> 真正パルマハムの生産は、そのまま人間と自然との特別な関係の歴史とも言えます。
>
> ローマ時代から、パルマ地方独特の自然条件が、何世紀にも亘ってグルメを魅了してきた高品質ハムの生産を可能にしてきたのです。「プロシュット」とは、ラテン語の「乾いた」という意味の言葉 "perexsuctum" が語源であり、パルマハムの古いルーツを表すものです。
>
> BC100年にはすでに、大カトー[48]が単純なイタリアのパルマの町周辺で作られる、風で熟成されたハムのすばらしい香りについて初めて記しています。「豚の後足に少量の脂をぬって乾燥すると全く腐敗することなく熟成される。それは美味なる肉となり、その後しばらく食べ続けることができ、芳しい香りも衰えない」と。さらにさかのぼってBC5年にも、エトルリア文明時代のポー川の谷で、塩漬け保存された豚のモモ肉が、他のイタリア地域やギリシャと取引されていました。
>
> 今日のパルマハムとその「祖先」は明らかに類似しており、パルマハムの伝統は今日なお強く残っています。

言葉の定義や歴史からパルマハムを定義していることにビックリされる

---

[48] 「大カトー」とは、ローマ共和政末期の政治家、弁論家で軍人。第2次ポエニ戦争後、ギリシャ遠征で功績をあげ、コンスル、元老院議員となる。スキピオの権力独占を阻止し、一方でカルタゴ滅亡を主張。孫の「小カトー」も共和派としてカエサルに徹底して反対して殺された。

と思う。「人間と自然との特別な関係の歴史」と壮大である。その次は、ローマ時代からのストーリーだ。史実として、紀元前100年、ローマ時代の歴史的な人物である「大カトー」がパルマハムのことを記したことをアピールしている。そして、製造方法の概要を説明し、今日まで続く伝統を概説している。ここまで長い歴史を持つ商品は珍しいが、日本のGI産品も歴史をアピールすることが重要と理解させてくれる。

## ② 製造方法

> （前略）ハムは豚のモモ肉から作られます。ハムの保存に必要なだけの量の塩を吸収するよう、熟成過程は注意深く管理されます。熟成を終える頃には、トリミングされたモモ肉は水分の減少により1/4以上の重量が減少し、風味を凝縮させます。肉は柔らかく、パルマハム独特の芳醇な香りが凝縮されています。

この説明で製造方法が想像できる。これだけでも美味しそうだし、香りまで思い起こす人もいると思う。この記載の下の パルマハムの生産方法 をクリックすると、次のような詳細な作り方が開示されている。

> 豚モモ肉はまずマエストロ・サラトーレと呼ばれる熟練した塩漬け職人によって塩振りされます。湿った海塩で皮の部分を覆い、筋張った部分には乾いた塩を振ります。塩漬けされた腿肉は1～4℃、80%の湿度で1週間寝かされた後、2度目の軽い塩漬けが行われ、重さに応じて再度15−18日間寝かされます。化学物質は一切使われないため、製造工程の中で塩が唯一の保存料となります。

まず、「マエストロ・サラトーレと呼ばれる熟練した塩漬け職人」に好奇心を刺激されると思う。フランスもイタリアもドイツも、職人のネーミ

ングが食材の付加価値に重みを増している。また、一度も加熱せず、化学的な保存料を一切使用せずに生産しているパルマハムは、塩を正しく振らないといろいろな菌が繁殖するデリケートな食品である。塩漬け職人の責任は極めて重い。日本も日本酒を生産している杜氏などの職人たちをもっとアピールすべきと思う。

## ③　栄　養　価

（前略）パルマハムはタンパク質が多く、熟成過程で生じた遊離アミノ酸が豊富に含まれているため、非常に消化しやすい食品です。（中略）

パルマハムにはビタミンも豊富で、特にビタミンＢ１、Ｂ６、Ｂ12、ナイアシンが多く含まれており、１日の推奨摂取量の大半をカバーすることができます。リン、亜鉛、鉄分、セレニウムといった無機塩類も同様、パルマハムに相当量含まれています。

もうひとつ重要な要素は、パルマハムには通常食肉加工品の製造に使われる亜硝酸塩や硝酸塩といった着色料や保存料を一切含まないことです。パルマハムの生産規定で認められている材料は豚肉と塩のみです。

食品の成分を分かりやすくアピールしている。「パルマハムには通常食肉加工品の製造に使われる亜硝酸塩や硝酸塩といった着色料や保存料を一切含まない」は、保存料を嫌う消費者に刺さる言葉だ。日本の消費者にパルマハムは健康志向の商品と印象づけるだろう。日本のGI産品も保存料を使用していないものは多いがあまりアピールしていない。消費者に正しい情報を提供することは、マーケティングである。

特に、「パルマハムの生産規定で認められている材料は豚肉と塩のみです」のフレーズに痺れないだろうか。日本のGI産品も「〇〇の生産規定

で認められている材料は△△と□□のみです」と書くことができる商品は多い。しかしこのように分かりやすくアピールしていない。とても参考になると思う。

## ④　品質保証

（前略）協会の厳しい品質管理プランの各段階において、検査と証明が施されています。これはトレーサビリティと呼ばれるものです。パルマハムのモモ肉一つ一つの足跡は、その皮の表面に付けられたシール、烙印、入れ墨によって明らかになっています。

王冠マークと共に生産会社のIDコードも表示されます。これが、最終的なハムの品質の証です。

コモディティとの差別化戦略である。パルマハムは加熱しないため、科学的な分析を厳しく行っている。原料、商品の製造者、流通ルートなどを確認できるトレーサビリティを早期に導入した。このトレーサビリティは「コモディティとの差別化戦略」とともに、「模倣品対策」となる。IDコードを付して協会がデータを取得できるようにしている[49]。

## ⑤　原産地呼称保護（イタリアのDOP＝EUのPDO）

（前略）パルマハムは1996年にDOPに認定された最初の製品の一つです。

このシステムは、法的な名称保護のほか、消費者、小売店、料理人、流通業者が本物の製品と類似品を見分けるためにも役立っていま

---

49　GI産品ではないが、福岡県朝倉地域の「博多万能ねぎ」もかなり早い段階で生産農家のIDをラベルに印字し、組合で管理している。

す。

「DOP（原産地呼称保護）」とは、「PDO」のイタリア語表記である。日本人にとっては分かりにくいが、赤いマークをみると直感的に理解できる（DOP（＝PDO）のマーク下記リンク参照）。海外で販売する際の、GIマークのメリットの大きさが理解できる。

また、消費者、小売店、料理人、流通業者というステークホルダーを認識していることが分かる。

DOP(＝PDO)のマーク

パルマハム協会提供
（参照）https://agriculture.
ec.europa.eu/farming/
geographical-indications-
and-quality-schemes/
geographical-indications-
and-quality-schemes-
explained_en

## ⑥　パルマハム協会の任務と役割

【品質管理スケジュールの定義】
　塩の量、水分量、タンパク質分解の程度において、今日科学的にハムが品質基準を満たしているか調べることが可能です。

　戦略、動向、マクロ経済政策の制定などとともに、経済データの公開や科学的分析や抜き打ち検査体制も持っている。

　厳密で科学的な分析も行っている。GMP（適正製造基準）、SSOP（衛生標準製造基準）、HACCP（危害分析に基づく重要管理点監視方式）などである。菌が繁殖していたら食品のブランド価値が崩壊するからだ。日本も食品の科学的な分析データをウェブサイトで開示すべきと思う。EUなどへの輸出時には科学的データが必要だ。

　専任の検査官が司法警官として抜き打ち検査する。検査官は、パルマハムを生産、包装、保持、販売するいかなる施設においても、検査する権利が与えられている。不正な扱いが認められた場合は、行政、民事、または刑事措置により起訴される。食品関係は偽装事件が多い。厳しいチェック体制の構築が抑止力を持つ。

## ⑦　名称と王冠マーク

す。

【関係会社の支援】
　パルマハムの生産や流通を向上させるための助言やサポートを提供
します。

【製品の促進・向上】
　パルマハム協会は、パルマハムのイメージ向上のため、マーケティ
ング支援を行っています。

　パルマハムの「王冠マーク」と、「生産会社の社名」の多くは商標登録
されている。GIと商標の併用で、ブランドの保護を強化している。GIと
商標の併用のメリットは何か。一番大きなメリットは加工品のブランド保
護ができる点であろう。「生ハム」の販売はGIで保護できるが、「生ハム
を入れたパンなどの加工食品」の販売についてはGI表記ができない国が
多い（日本など）。このため、「パンなどの加工食品」の区分で商標を取得
しておけば、加工食品に表記できるし、第三者に無断で使用される可能性
が低くなる。日本は2022年11月から加工品にGIマークを表示できる基準
を緩和した（第4章2⑤）。
　また、協会は、パルマハムを生産する会社はもちろん、流通を向上させ
る会社へのサポートも行う。ステークホルダーへの配慮を行っている。養
豚業者3,900、屠畜場97、加工にかかわる従業員3,000人、業界全体の従業
員5万人である。
　そして、協会はマーケティングも担当している。

図表3－20　パルマハムのGICL分析

| GIのチェック要素 | 4P分析の要素 | | | | | | | | |
| | 商品 | 価格 | 流通 | 販促 | 企業戦略・競合関係 | 需要条件 | 関連産業・支援産業 | 土壌 | 気候 |
|---|---|---|---|---|---|---|---|---|---|
| パルマハム | ○ | ○ | ○ | ○ | ○ | ○ | ○ | ○ | ○ |
| 備考 | 風で熟成されたハムの素晴らしい香り | 何世紀にもわたってグルメを魅了してきた高品質ハム | 輸入業者、流通業者、認定生産者 | パルマハムフェスティバル | 戦略、動向、マクロ経済政策の制定などを行う。 | 通常食肉加工品の製造に使われる亜硝酸塩や硝酸塩といった着色料や保存料を一切含まない | 輸入業者、流通業者、認定生産者 | パルマ県で、エミリア街道の南側、そこから5km以上の距離、最高標高900mに位置し、東はエンザ川、西はスティロネ川 | 「プロシュット」とは、ラテン語の「乾いた」という意味の言葉 |

（注）　パルマハム協会のサイトはすべての項目が網羅されているGI産品のお手
（出典）　パルマハム協会ウェブサイト（https://www.prosciuttodiparma.com/）

| ダイヤモンドモデルの4要素 | | | | | | | | | 多言語化 |
|---|---|---|---|---|---|---|---|---|---|
| 要因（インプット）条件（Linkの要素を含む） | | | | | | | | | |
| 天然資源 | | | 人的資源・ノウハウ等の人的要素 | 資本 | 物理インフラ | 経営インフラ | 情報インフラ・社会的評価の説明 | 科学テクノロジー面のインフラ | |
| 地域特性 | 地域産の特別の餌 | 品種 | | | | | | | |
| ○ | ○ | ○ | ○ | ○ | ○ | ○ | ○ | ○ | ○ |
| ローマ時代から、パルマ地方独特の自然条件 | 飼料にホエーと穀物を使用すること | イタリア北部と中央部の10州で生まれ育ったラージホワイト種か、ランドレース種、またはデュロック種 | 豚モモ肉を最小限の塩で熟成し、できるだけ甘く、柔らかくする | 協会は140のパルマハム生産者を擁している | パルマ県にはいくつかの食品の博物館がある | 関係会社の支援 | フランス史と深い関わりを持つ300年以上の歴史 | 塩の量、水分量、タンパク質分解の程度において、今日科学的にハムが品質基準を満たしているか調べることが可能 | 5言語 イタリア語 英語 フランス語 ドイツ語 日本語 |

本のウェブサイトといえるだろう。
を基に筆者作成

パルマハムのマーク（商標登録第4388216号）

パルマハム協会提供

## ⑧　生産地域

法律によってプロシュット・ディ・パルマ（パルマハム）はパルマ県の限られた地域でのみ生産されます。パルマの独特な環境が最高品質のパルマハムの生産を可能にするのです。

パルマハムの認定生産者は、エミリア街道から5km以上南に離れ、海抜900m以下であり、かつエンザ川（東端）及びスティロネ川（西端）に挟まれた地域に位置しなければなりません。

たとえ同じ地域で生産されても協会が定めた条件に満たないハムには正式な認定マークであるパルマの王冠は与えられず、パルマの名を名乗ることはできません。

生産できる地域を明確に定め、公開することが重要である。名声を得てから地域を決める話合いをすると抑れて時間がかかる。

## ⑨　6次産業化への取組み

下記のプログラムも公開されている。歴史、文化、芸術、美食など、多様な産業とコラボレーションしている。是非、アクセスしてパルマハムの

世界観を確認してほしい。

●パルマハム・フェスティバル

●芸術と美食の関係

●近隣地域と歴史

●パルマハムの生産に使用される豚の品種

●塩が歴史的、政治的、食品加工に果たす役割

●驚くべき食の宝庫

### ⑩　パルマハムのGICL分析

GIの母国語のウェブサイトでチェックし、「GICL分析」を行うこととした。欧州の事例研究では、各事例の最後に「GICL分析」を見開きで記載した（図表3−20など）。是非、皆さんの組合の議論の参考にしてほしい。

## ▌事例2：シャンパーニュ

「シャンパーニュの世界を探る」と題したシャンパーニュ委員会[50]のウェブサイトの情報も取り込んで、GI産品である「シャンパーニュ」の概要を説明する。

### ①　地理と歴史

発泡ワインの代表格は「シャンパーニュ（Le Champagne）」だろう。この生産地として知られるのが「シャンパーニュ地方（La Champagne）」だ。この地は、フランスはパリの東、フランダース地方の南、ブルゴーニュ地方の北、ロレーヌ地方の西に当たり、東西200km、南北273kmほどの地域である。

この地は一面に平原が広がっている。欧州は11世紀の大開墾時代が始ま

---

50　https://www.champagne.fr/fr

シャンパーニュ地方

るまで「深い森林」に覆われていた。このため平原は大変珍しかったの
で、「平原」を意味するラテン語の「カンパーニュ（Campagne）」から
名付けられたという[51]。

　シャンパーニュ地方の地質は白亜や石灰石である。「白い土の帯」は
ドーバー海峡の白い崖まで続く。北緯49〜49.5度に位置する。日本列島で
いうと旧樺太の国境線近くである。かなり北だ。標高は900mと低く、平
均気温は10〜11℃、年間降雨量はわずか600mmである。

　このように寒くて、雨も少なく、水はけがよすぎる土壌の「乾いたシャ

---

51　山本博『シャンパン物語　その華麗なワインと造り手たち』柴田書店、
　　1992年

白亜層にあるシャンパーニュ地下道と酒庫（筆者撮影）

ンパーニュ」では、小麦などの農作物を育てることできなかった[52]。この地はぶどう栽培の北限に近い地帯だが、石灰系土質がぶどうの生産に向いていた[53]。

## ② ワインの歴史とローマ人が掘った地下道

シャンパーニュ地方でワインはかなり古くから製造されていた。紀元前4世紀の女王の墓からワインの壺と思われる出土品が発見されたという。ローマ時代に本格的にぶどうの栽培とワイン作りが始まったという記録もある。ただし発泡ワインが発明されたのはずっと後年である。

ローマ時代、後年のシャンパーニュの醸造にとって不可欠となる地下の貯蔵庫が偶発的に作られた。「すべての道はローマに通じる」という言葉があるように、ローマ人は道路作りに熱心であった。戦地に駆け付けるため、国防の観点で整備していた。

ローマ人の作った道路は、「舗装道路の原型」というべきものだ。地面

---

52　今世紀に入り、小麦などの農作物の収穫が可能となった。吉村葉子、宇田川悟『シャンパーニュ　金色に輝くシャンパンの故郷へ』日経ＢＰ企画、2007年

53　ローマの歴史・博物学者のプリニウス（西暦23〜79年）がランスのワインは王室の食卓を飾るのにふさわしいと、『博物誌』に書き残している。

ノートルダム大聖堂（筆者撮影）　　フジタ礼拝堂（筆者撮影）

を1m以上も掘り下げ、底に大きな石を敷き、その上に小石や砂を数層に
わたって重ねてから舗装した。層を安定させるために石灰岩や白亜をたく
さん使った[54]。

　石灰岩や白亜をどこから調達したのか。ローマ人はシャンパーニュのラン
ス（Reims：シャンパーニュ地方の中心地）付近に埋蔵されていること
とを探し当てた。優秀な技術を持つローマ人は「露天掘り」を避けた。上
から採掘すると、雨が降るとドロドロになるからだ。地下4階の深さまで
縦方向に穴を掘ってから、横方向に1〜2km以上も掘り進む方式を選択
した。この結果、ランスの地下には広大な地下道（洞窟）が張り巡らされ
た。

　この地下道は、戦時は避難所、防空壕となり、平時はワインの保管所と
なった。第二次世界大戦の際、ドイツ軍が侵入する前、数十万本のシャン

---

54　藤原武『ローマの道の物語』原書房、1985年

パーニュを洞窟の最奥部に隠した[55]。この地下道がなければ、現在のシャンパーニュの繁栄は不可能だったといわれている。

　筆者もこの地下道を歩いたが、白亜や石灰岩が柔らかい地層とはいえ、真っ直ぐに1km以上も掘らされたローマの奴隷たちは大変だっただろうと思った。

## ③　交通の要所と文化遺産[56]

　496年、ランスのノートルダム大聖堂[57]でクローヴィス1世の洗礼式が行われた。このノートルダム大聖堂は「ゴシック様式の傑作」といわれる。パリのノートルダム寺院よりも一回り大きい。規模の最も大きいものがアミアン、最も純粋なのがシャルトル、最も豪華なのがランスといわれている。あの有名なジャンヌ・ダルクがシャルル7世の戴冠式に立ち会ったのもこの大聖堂だ。

　フランク族の王が選んだランスは、歴代のフランス国王の戴冠式が執り行われる地となった。戴冠式には王族や偉人が集まる。戴冠式後の祝宴では、シャンパーニュのワインが大量に振る舞われ、名声を高めた。

　中世になると、イタリアとフランドル（フランダース）を結ぶ南北の交通路、ドイツとスペインを結ぶ東西の交通の要所として繁栄した。

　年6回開催された「シャンパーニュの定期市」では羊毛や毛織物、皮革や香料、ワインなど各地の物産が取引され、信用取引や為替など今日の銀行のシステムも発展した。

　文化資源も豊富である。昔、文化大臣だったアンドレ・マルローが都市に文化芸術が集中するのを打破する目的で建てられた「文化センター」も

---

55　ドン＆ペティ・クラドストラップ著、平田紀之訳『シャンパン歴史物語　その栄光と受難』白水社、2007年
56　シャンパーニュ地方は、ぶどう畑やワイナリーを見学しながら、本場の味を体験できる観光ツアーがたくさんある。パリのルーブル美術館の近くから出発しているツアーは、海外からでもネットで簡単に予約できる。
57　1991年にユネスコの世界遺産登録がなされた。

昔のシャンパーニュの充塡機（筆者撮影）

１万円以上のランチ（筆者撮影）

ナポレオン３世がモエ・エ・シャンドン
に寄贈した樽（筆者撮影）

ある。パリの「ポンピドー・センター」のランス版といえる。実験映画、古典、現代絵画、図書館などフランス文化の新しい息吹を感じることができる。

　日本人の画家の藤田嗣治（レオナール・フジタ[58]）が埋葬されている場所であり、フジタ礼拝堂[59]もある。

## ④　バスツアー

　大型観光バスに、フランス語、英語、スペイン語、イタリア語、日本語のガイドが5人も乗り込んでのツアーがあった。毎日、定期便を出している人気ツアーだ。日本からでもネットで予約ができるので便利だ。

　多様な国籍の観光客を乗せたバスはパリ市内から約1時間半でシャンパーニュ地方に到着した。車中は5カ国語のアナウンスが順序よく流れていた。日本の地方都市で日本語を学んだ経験があると自己紹介してくれたフランス人のガイドの日本語はやや怪しい部分もあった。「酒樽」を「棺桶」というので、毎回ドッキリした。しかし聞き手の想像力が試される楽しいガイドだった。

　世界的に有名なシャンパーニュのメゾン（モエ・エ・シャンドン（Moët &Chandon）社）にはこのメゾン専任の日本人のガイドがいた。完璧な日本語で分かりやすくシャンパーニュの歴史と製造方法を説明してくれた。年間どれくらいの日本人が来るのだろうと感嘆した。

　2カ所のメゾンを訪れたが、両社とも、シャンパーニュを製造している

---

58　藤田嗣治（ふじたつぐはる、1886〜1968年）は、東京都出身の画家・彫刻家で、フランスにおいて最も有名な日本人画家。猫と女を得意な画題とし、日本画の技法を油彩画に取り入れ、「乳白色の肌」と呼ばれた裸婦像などは西洋画壇の絶賛を浴びた。1955年にフランス国籍を取得、1957年フランス政府からはレジオン・ドヌール勲章シュバリエ章を贈られ、1959年にカトリックの洗礼を受けてレオナール・フジタとなり、スイスのチューリヒで死去。日本政府から勲一等瑞宝章を没後追贈された。
59　正式名称は「平和の聖母礼拝堂」である。

それぞれの会社は観光客用の説明ビデオや説明ボード、ぶどうの模型、地下のワイン倉庫に案内するための大型エレベータ、シャンパーニュの試飲やお土産が購入できる優雅なサロンなど観光地として備えるべき施設を保有していた。

　2カ所のメゾン見学の間に、ランチタイムが設定されていた。レストランが1件とパン屋さんのような小さなお店が1件。学生の観光客はパン屋さんを選び、大人はレストランを選んでいた。10年前で、レストランのメニューは1万円以上のランチしかなかった。これにシャンパーニュを頼むと結構な値段となる。これもシャンパーニュの戦略の1つと学んだ。

## ⑤　ブランドを守る戦い

　シャンパーニュはブランドを守るために、多くの事件で闘ってきた。シャンパーニュの闘う姿をみていると勇気をもらう。

### a　最初の大事件

　第一次世界大戦と第二次世界大戦の間に起こった。世界的な不況のなか、悪徳業者がシャンパーニュ地域以外から仕入れた「安酒」をシャンパーニュの瓶に入れてシャンパーニュのラベルを付けて売り出した。ぶどう栽培農家は大暴動を起こした。1908年以降の法的保護や事件の流れをみてみよう。

### b　「生産地区限定法」制定

　1908年、地元の良心的な業者とぶどう栽培家が要求した「生産地区限定法」が制定された。しかし法律だけでは、悪徳業者の不正を完全に止めることはできなかった。同年のシャンパーニュの生産高1,600万本に対し、シャンパーニュの総販売数は3,400万本と2倍以上。半分以上が偽物ということだった。

### c　他の地方からのワイン移入禁止

　1909～1910年は冷夏でぶどう栽培者たちは貧困に喘いでいた。1910年、1万人の栽培者がエペルネー（都市名）に集まり、他の地方からのワイン

移入禁止を陳情する決議を行った。その後、彼らが暴徒化した。警察の手に負えず、鎮圧のために軍隊が出動した。

### d 「生産地区を確認する新法」制定

1911年 2 月にシャンパーニュと他の地方のワインを同一酒庫内に置くことを禁止する法案が通過した。すると、1908年からオーブ県の栽培者たちはシャンパーニュと名乗ることを禁止されていたため、1908年制定の「生産地区限定法」の撤回を求めた。

これに怒ったシャンパーニュのぶどう農家が再び暴徒化して軍隊が出動した。同年 7 月、「生産地区を確認する新法（マルヌ県以外は 2 級シャンパーニュ生産地として認める妥協案）」が制定、決着した。

### e AOC法

1919年に制定されたAOC法により、シャンパーニュ地方で生産されたぶどう品種を原料として醸造された発泡性ワインと規定された。1927年に完全な法律が制定され、数回の修正を経て、今日のシャンパーニュの生産地域を限定する法律となった[60]。

### f CIVC設置

1941年、シャンパーニュ地方のぶどう関連業者（栽培農家、ネゴシアン、仲買人、銀行家、コルク・ビン・ラベルの製造業者も含む）が「シャンパーニュ委員会（以下「CIVC」)」を設置した。

販売促進だけでなく、生産量の規制から不正シャンパーニュの販売監視、ぶどう栽培業者に支払う賃金の公正化、苦情処理の円滑な処理まで行うことを目的とする活動を開始した。

---

60　有名になってから地域の境目に関するルールを作ろうとしたため、長い年月、利害関係者が激しく戦うことになった。今、日本でも地域の区分や製造方法で揉めている地域産品は多数ある。なるべく早くルールを決めよう。早く決めたいからといって、緩い基準にすることは得策でない場合がある。地域内で技術支援をするなど、世界に類のない規定にしよう。

### g　日本のソフトシャンパンへのクレーム

　1947（昭和22）年、日本国内でシャンパンに似せて作られたノンアルコールの清涼飲料水を「ソフトシャンパン」と名付け、飲食店を中心に販売していた。この飲み物について、1966（昭和41）年にフランス大使館が日本外務省に対して、シャンパーニュ産以外の商品に「シャンパーニュ[61]」の表示をさせないよう申し入れた。この主張は、「虚偽の又は誤認を生じさせる原産地表示の防止に関するマドリッド協定」に基づくものだった。その後、1972（昭和47）年に全国ソフトシャンパン協同組合（後の全国シャンメリー協同組合）が「シャンメリー」の商標を出願（1976（昭和51）年に商標登録）し、1973（昭和48）年からシャンメリーに改称された。

### h　フランスのイヴ・サンローランの香水

　1993年、CIVCがフランスのファッションブランドのイヴ・サンローランを訴えた。イヴ・サンローランが販売した香水の名称が「Champagne」であったためである。香水の販売活動はシャンパーニュの知名度を利用した「寄生的競争行為」に該当すると訴えた。イヴ・サンローランは香水の名称を「イヴレス」に変更した。

### i　スイスのシャンパーニュ村のクッキー

　2008年、CIVCは、スイスの「SASコルニュ」という会社のクッキーをフランス国内で販売禁止にせよと訴えた。この会社はスイスのシャンパーニュ村に本社があるため、クッキーの包装紙に「シャンパーニュのレシピを利用」と記載していた。パリ裁判所は、シャンパーニュの商標権を侵害しているとして、「包装紙に『シャンパーニュ』の名称の記載を認めない」と判決した。

　また、同社がスイス国内で運営しているwww.champagne.chという

---

61　シャンパーニュ地域で製造された発泡ワインだけを「シャンパーニュ」と呼ぶことができる。一部の日本の飲食店のワインリストではシャンパーニュ産以外の発泡ワインを「シャンパーニュ」のカテゴリーとしている例がある。酒類提供の関係者にも、GIを周知する必要があると思う。

ドメインネームも違法とした。ただし判決が適用されるのはフランス国内のみとなる。

### j　カリフォルニア・シャンパン

以前、「カリフォルニア・シャンパーニュ」と表記して発泡ワインを販売することは問題との指摘があった。直ちに、この名称は使用されなくなった。

当初、シャンパーニュ地方の「モエ・エ・シャンドン社」が1973年にカリフォルニア・ナパヴァレーに設立した「ドメーヌ・シャンドン社」が「シャンパーニュ方式（瓶内二次発酵方式）」と説明していたことも問題とされた。

### k　スペインのタパスバーチェーン店

2021年、欧州連合司法裁判所は、シャンパーニュの原産地名称の保護をサービス分野でも認めた。「Champanillo（スペイン語で「小さなシャンパーニュ」の意）」という名前の「タパスバーチェーン店」に対する名称使用の差し止めを争った訴訟で、「シャンパーニュの原産地名称は商品だけでなくサービスでも保護される」と判決した。

このように、GIを守ることは戦いの連続になる場合がある。日本も「和牛」や「日本酒」を他国に使用されているなどの問題を多数抱えている。世界を相手に闘うシャンパーニュの姿勢に学ぶことは多い。

## ⑥　シャンパーニュが発明されるまで

### a　医師のファゴン

シャンパーニュはいつ発明されたのだろうか。ルイ14世の時代、現在とは異なり、ワインは嗜好品ではなく健康に直結していた。コーヒーも清涼飲料水もなく、都市の水は不潔だった。当時の医師たちはどこのワインが健康によいか、病気に効くかを本気で研究していた。健康を崩したルイ14世に、「ブルゴーニュのワインがよい」と薦めたのが医師のファゴンだった。このため、シャンパーニュは売り上げが激減し、対抗手段を立てる必

要に迫られた。

### b　ドン・ピエール・ペリニヨン師

　ドン・ピエール・ペリニヨン師は1639年に生まれ、29歳でオーヴィレール修道院の酒庫係に任命された。1715年に死ぬまで47年間その仕事を務めた。ペリニヨン師は生来鋭い味覚と記憶力に恵まれ、老齢になって視覚を失ってから特に感覚が研ぎ澄まされたという。彼は一口含んでワインがどの畑のものかを言い当てた。そして、異なるワインをブレンドさせることにより、品質と味を優れたものとした。今日のシャンパーニュをシャンパーニュたらしめた貢献者である。ワインのブレンド技術の先駆者だ。

　また、ピンクやオレンジ色だった当時の白ワインを、今日のような澄んだ白ワインに作り上げた功績もある。たまたまスペインからの旅行僧が水筒にコルク栓を使用しているのに着目し、それまで使用していた油をしみこませた麻布の代わりにコルクを使用することを思いついた。

### c　シャンパンの発明

　シャンパーニュ地方はとても寒いので、秋に仕込んだワインは冬の寒さで発酵が一旦止まる。春になると再発酵を始める。この現象は古くから知られていた。

　このとき、早く瓶詰めしてコルクで栓をすれば泡の出るワインができることが発見された。この発泡ワインの面白さに最初に気が付いたのが、英国のロンドンだった。清教徒革命（1660年）の2〜3年後、ロンドンで泡立つワインが流行し始めた。ペリニヨン師が酒庫長に就任する5年前のことだった。

　当時の英国はガラス産業が発達し、ガラス瓶が普及していた。また、スペインやポルトガルと交易していたため、コルクも普及していた[62]。また、泡が取り柄のエールを瓶詰めしてコルクを糸で止めることも行ってい

---

62　シェークスピアの『お気に召すまま』のロザリンドの台詞（第3幕第2場、1599年）。

モエ・エ・シャンドン本社のドン・ピエール・ペリ
ニヨンの銅像（筆者撮影）

た。このため、この技術をワインに転用する発想が生まれたと考えられ
る。

#### d エヴェルモン

　1660年、ロンドンにフランスから派遣されたソワッソン伯爵に随行した
サン・エヴェルモンという人物がシャンパン発明のキーパーソンと考えら
れている。彼は、ルイ14世に不興を買ったことを知り、そのままロンドン
に住み着いてフランスに帰らなかった。

　彼はシャンパーニュのワインが好きだったので、旧友に頼んで飛び切り
のシャンパーニュのワインを送ってもらい、ロンドンの美食家たちに売り
つけた。その際、樽詰めワインをロンドンでガラス瓶に詰め、コルクで栓
をして紐で絡げて泡が立つようにした。

#### e ロンドンでの大流行

　チャールズ２世の王政復古から10年くらいの間に、ロンドンの上流階級
の間ではシャンパーニュが大流行した。17世紀末期となると、ペリニヨン
師が作ったシャンパーニュがロンドンに輸出されるようになっていた。

英国で成功し、流行の先端になっていた泡立つ発泡ワインで、ブルゴーニュに対抗しようと、シャンパーニュの人々は売り込みに尽力した。ペリニヨン師の名声は広がっていたので、シャンパーニュの人たちは「ドン・ペリニヨン師の秘伝で作られたロンドンで大評判のシャンパーニュ」とフランスで宣伝した。外国での名声を国内のマーケティングに利用する手法である。

ポンパドール夫人が「女性が飲んで、その美しさを失わないのは、シャンパーニュだけです」という言葉を発したという。その後、シャンパーニュは英国の宮廷に続いて、フランス宮廷のワインにのし上がった。フランス宮廷は欧州の上流階級の手本だったため、ロシアをはじめ諸外国の貴族でもシャンパーニュが愛飲されるようになった。

## ⑦　2人のナポレオン

1729年にリュイナール社、1743年にモエ・エ・シャンドン社、1750年にランソン社がシャンパーニュ地域で設立された。これらの会社にとって、2人のナポレオンはシャンパーニュの大恩人である。

ナポレオン1世は国内産業の振興を図り、シャンパーニュ産業の重要性に目を付け、しばしばシャンパーニュ地方を訪れて各メーカーを激励した。ナポレオン1世とモエ・エ・シャンドンの3代目ジャン・レミー・モエとは将校時代からの旧友であった。戦地へ赴く際にモエ家に立ち寄り、シャンパーニュで勝利を誓ったという。

ナポレオンの勢力拡大とともに欧州中に「モエ・エ・シャンドン」の名を広めることに成功した。このため、モエ・エ・シャンドン社ではナポレオンが座った椅子やナポレオンが残した樽などが今でも展示され、ナポレオンに敬意を表して「Imperial（アンペリアル）；皇帝の意」を商標登録している。

また、ナポレオンの農務大臣だったシャプタルが発酵果汁への糖分添加を推奨した。ワインの含有糖分は発泡に大きな影響を与える。糖分が少な

すぎると泡立ちが悪く気が抜けたワインとなるし、糖分が高いと炭酸ガスが多くなり、ガラス瓶が破裂する事故につながる。どの程度、加糖すればよいのかについての科学的な根拠がなかったため、ドン・ペリニヨン師以来の150年間は、シャンパーニュにおける瓶の破損事故が止まらなかった。多い年は製造したシャンパーニュの80%も破損したため、危険防止のためにキャッチャーマスクのようなものを被りながらワインの生産者は作業をしていた。

　ところが、1836年に科学者のフランソワが、瓶詰め前のワインの残留糖分を検査し、瓶内の再発酵のため発生する炭酸ガスの量を測定する「フランソワ比重計」を発明した。この後、シャンパーニュ産業は安定することになる。

　ところで、ローマ時代の白亜層をワインの熟成や貯蔵に活用することを考え付いたのは、1729年頃、リュイナール社のニコラであった。この大昔の遺跡がシャンパーニュ産業を拡大するための遺産だったことに気が付き、大いに興奮したという。

## ⑧　行政地域の名称変更

　大昔、シャンパーニュは「州」の1つであった。ところが、フランス革命のときに州の区分が廃止され、現在シャンパーニュと呼ばれる地方はマルヌ県（中心都市はランス）、オーブ県（県庁所在地はトロワ）、オート・マルヌ県（県庁所在地はショーモン）の3つの県と、アルデンヌ県、エーヌ県、セーヌ・エ・マルヌ県、ヨンヌ県の一部にまたがっている。このため、一般的呼称のシャンパーニュ地方とAOC法のシャンパン生産地域とは一致しないこととなった。現在はフランスの行政地域「シャンパーニュ＝アルデンヌ地域圏（Champagne-Ardenne）」の一部となっている[63]。

---

63　シャンパーニュ＝アルデンヌ地域圏ウェブサイト（http://www.champagne-ardenne-tourism.co.uk/default.aspx）

図表 3 −21　シャンパーニュのGICL分析

| GIのチェック要素 | 4 P分析の要素 | | | | | | 関連産業・支援産業 | | |
|---|---|---|---|---|---|---|---|---|---|
| | 商品 | 価格 | 流通 | 販促 | 企業戦略・競合関係 | 需要条件 | 関連産業・支援産業 | 土壌 | 気候 |
| シャンパーニュ | ○ | ○ | ○ | ○ | ○ | ○ | ○ | ○ | ○ |
| 備考 | テロワール、ノウハウとリンク組み立て | シャンパーニュは、王、貴族などと密接に関連 | シャンパーニュの名称は121以上の国で保護 | シャンパーニュはイマジネーション（お祝い、洗練の代名詞） | 1927年の法律によって区切られ、クリュとも呼ばれる 319 のコミューンを含む | シャンパーニュは、文化、リベラルな考え方、フランスの生活様式の象徴 | 125のプレスセンター | 独特のテロワール。地理的位置、過酷で特定の気候条件, 下層土の特徴 | 二重の気候的影響：シャンパーニュ気候の特殊性 |

（出典）　シャンパーニュ生産組合ウェブサイト（https://www.champagne.fr/fr）

| ダイヤモンドモデルの4要素 | | | | | | | | | 多言語化 |
| 要因（インプット）条件<br>（Linkの要素を含む） | | | | | | | | | |
| 天然資源 | | | 人的資源・ノウハウ等の人的要素 | 資本 | 物理インフラ | 経営インフラ | 情報インフラ・社会的評価の説明 | 科学テクノロジー面のインフラ | |
| 地域特性 | 地域産の特別の肥料・育成方法 | 品種 | | | | | | | |
| ◯ | ◯ | ◯ | ◯ | ◯ | ◯ | ◯ | ◯ | ◯ | ◯ |
| ユネスコによりシャンパーニュの景観は世界遺産に認定 | シャンパーニュのぶどうの品質をよりよく管理するために、Qualimarプログラムを開始 | 最も使用される3つのぶどう品種は、シャルドネ、ピノノワール、ミラー | 1万6,000人以上のワイン生産者によって栽培されている | 1万6,200のワイン生産者、130の協同組合、および370のシャンパーニュメゾン | 2億9,500万本収納可能の貯蔵庫 | ワイン生産者とシャンパーニュメゾンの間の連帯、架け橋、目的の収束を体現 | シャンパーニュの生産とマーケティングのためのツールと設備を共有 | 気候変動に対応して、エンジニアと技術者によって毎年200以上の実験を実施 | 7言語<br>フランス語<br>英語<br>スペイン語<br>イタリア語<br>ドイツ語<br>ロシア語<br>日本語 |

を基に筆者作成

このように、行政区の名称変更はGI産品に対する影響が大きい。現在のGI生産地と行政区分の名称が一致しない場合も多い。地名は財産である。安易な行政区分の名称変更は、ブランドとしての資産価値を失うか、ブランドの希釈化が起こるので留意してほしい。

## ⑨　6次産業化への取組み

ワインの醸造技術を得てからは、農家はワインメーカーにぶどうを売ることで裕福ではないが生活の糧を得た。後年、シャンパーニュの生産方法の発明により、シャンパーニュ地方は世界的なブランドを構築できた。

このシャンパーニュ=アルデンヌ地方は、17世紀からガラス製造が発達した。小さなバイエル村には老舗のクリスタル・メーカー、「クリスタルリー・ロワイヤル・ド・シャンパーニュ」があり、国内でも有数の吹きガラスメーカーとして知られている。また、ランスやトロワ、周辺の村々はステンドグラスや有名なガラス職人の存在で知られていた。

ローマ時代に作られた地下の深い地下道、フランス皇帝の戴冠式で使用されたノートルダム寺院などの歴史的建造物、ポンパドール婦人、ナポレオンなどの歴史上の人物、文化センターで公開されているフランス文化などを、ぶどう畑の風景とシャンパーニュという銘酒とコラボさせて、シャンパーニュ地方という観光スポットに育て続けている。歴史と文化を活用し、地名が入ったGIで保護する姿勢を学ぶべきと考える。観光ツアーの誘致も積極的だ。多くのメゾンは観光客向けの見学体制を誇っている。

今、文化を中心とした取組みが行われている。毎年10月には地方の伝統を今に受け継ぐぶどう収穫祭、1月にはサン・ヴァンサン祭（ワイン作りの守護聖人、聖ヴァンサンの祭り。エペルネが発祥とされ、ぶどう栽培者が集まりその年の豊作と安全を願う）が開催されている。ワインを中心に、さまざまなサービス産業も育っている。

## 事例3：ハモン・セラーノ

### ① ハモン・セラーノとは何か

「ハモン・セラーノ」はスペインで作られている「生ハム」の総称である。「ハモン（Jamón）」はハムの意で、特に熟成したものを指す。「セラーノ（Serrano）」は「山の」という意味である。塩漬けにした豚肉を長期間気温の低い乾いた場所に吊るして乾燥させる。ハモン・セラーノは鮮やかなピンク色でやわらかい食感と塩味が特徴。アラゴン州のテルエル（Teruel）産、グラナダ州のトレベレス（Trevélez）産などが有名である。パルマハムと何が異なるのか。

### ② スペインのセラーノハムコンソーシアム

スペインの「セラーノハムコンソーシアム[64]」は、「Nave de terneras（旧マドリッド市の食肉処理場）」という象徴的な場所で正式に発足した[65]。1990年に設立された民間団体であり、以来、ハムの主要な生産者と輸出業者を結集する協会である。製品の品質を独自に保証することが基本原則である。継続的な検査と監査を通じて、各生産工場は厳密に評価され、最適な衛生基準に準拠していることを確認すると同時に、原材料、製造プロセス、そして最も重要な完成品を管理している。

管理下にある商品には、S字マークの認定証が付けられている。ハモン・セラーノの名称が2000年からEUの伝統的特産品保証制度（TSG＝スペイン語ではE.T.G.）により認定されるようになったため設置された。

海外市場でハモン・セラーノの品質を保証し、その普及に努めることを主な目的としている。コンソーシアムが保証するハモン・セラーノは、最

---

64 https://consorcioserrano.es/
65 https://consorcioserrano.es/sobre-el-consorcio/historia/

高級の品質と独自の特性を備え、伝統的な手法を活かしながら最も近代的な製造方法で作られたものである。

　この団体はハモン・セラーノの製造に関して厳重な品質基準を設定し、直轄の検査管理機関によって、製造の全工程における基準遵守を保証している。特に、豚の原産地、飼料、輸送、屠殺からハモン・セラーノができるまでの製造・熟成工程のすべてを厳重に管理し、常にチェックが行われている。コンソルシオの技師は加盟メーカーを定期的に訪問し、さまざまな出荷ロットを総合分析管理している。

　ハモン・セラーノの1本ごとに焼き印されたコンソルシオのマークは、品質保証のシンボルである。それは製品が厳重な管理のもとで製造され、最高級のハモン・セラーノだけが持つ特徴、外観、香り、テクスチャー、味を備えていることの証である。

　現在、スペインのハム部門で最も重要な29のスペイン企業が参集し、セラーノハムの輸出と国際的な宣伝を行っている。60の生産工場を擁し、セラーノハムの輸出先は65カ国以上である。コンソーシアムの誕生以来、1,600万個以上のセラーノハムが輸出された。2020年には76万5,091個以上が輸出された。欧州、米国、アジアの主要市場にスペインのセラーノハムを輸入するための窓口となっている。

　現在、スペインにおける食肉産業は、自動車産業、石油／燃料産業、電力産業に次ぐ、4番目の産業である。コンソーシアムには、約3,000の中小企業が関与しており、多くは長い伝統を持っている。スペインの食品業界全体で圧倒的な1位を誇っている。売上高は221億6,800万ユーロ（3兆1,944億円）に達し、スペイン全体の21.6％を占めている。

　後述するハモン・イベリコはEUのPDOであるのに対し、「セラーノハム」のGIは「ETG（Especialidad Tradicional Garantizada：保証された伝統的特産品）＝EUのTSG」である点に留意されたい。

### ③　地理と歴史[66、67]

2000年以上も前から、ローマ帝国では現在と同じ製法で生ハムが生産されていた。つまり、フランス、スペイン、イタリアの生ハムのルーツは同じだ。ハムには、ロースハム、ボンレスハムのように「加熱加工されたハム」と「加熱されない生ハム」がある。

加熱ハムは生産地域が欧州北部のドイツ、スイス、フランス北部が中心である。理由は、気候が寒く湿度が高いため、加熱しなければ保存できないからである。

他方、生ハムを生産している地域は、スペイン、イタリア、フランス南部の南欧州である。つまり地中海性気候の地域で生産される。この理由は、塩分を添加し、乾燥工程を経て肉の内部の水分を十分に除去し、長期にわたる熟成工程を経て生産することが可能なためとされる。

また、この製法は「からすみ」などの保存食の製造方法と同一である。また、カビを利用するので、チーズや鰹節にも似ている。これらの食品は「水分活性を0.95未満」として、保存性を高める。乳酸菌や各種アミノ酸の発酵でうまみを引き出している点でも共通する。

現在のスペインの生ハムとフランスやイタリアの生ハムは微妙な点で相違している。スペインの生ハムは、原料となる豚脛肉を加工する際、蹄と骨盤の一部を付けたまま加工するので塩分の浸透や乾燥工程や熟成工程に時間がかかる。このため、フランスやイタリアの生ハムに比べて、外形的にも全長が長く、豚の足そのものの外形となっている。

### ④　原料の豚

生ハムの原料となった豚についてみてみよう。古代、イノシシがタンパ

---

66　渡邉直人『イベリコ豚の秘密とスペインの生ハム』文芸社、2011年
67　正田陽一編『品種改良の世界史（家畜編）』悠書館、2010年

ク源として狩猟の獲物として珍重されていた時代があった。スペインのアルタミラ洞窟には約１万5,000年前の壁画が残っている。人類が豚を家畜として飼育し始めたのは、紀元前8000年頃の中国か、紀元前7000年頃のトルコやヨルダンに遡るという説がある。それぞれの地域に生息していたイノシシを捕獲して、家畜したのが起源といわれる。

　最古の豚の骨は、中国の桂林から発掘され、約１万年前のものと判明している。イラクでは8,500年前、スイスでは7,000年前、エジプトでは5,500年前に家畜として飼育されていたことが証明されている。これらの地域以外にも、ギリシャ、トルコなどの古代遺跡からも豚の骨が発掘されている。

　イノシシが重用されたのはなぜか。雑食性であり、人間の排泄物まで食べるため、簡単に飼育できたためと考えられている。豚の動物分類学上の定義は、「学名：Sus scrofa domesticus、英名：pig」で、哺乳網偶蹄目イノシシ科の動物で、「イノシシ（Sus scrofa）」を家畜化したものである。

　イノシシが人に飼育された結果、身体的特徴が大きく変化した。人類は何世代にもわたって、豚の品種改良を行ってきた。例えば、野生のイノシシは頭から前足・肩までの体重が全体重の70%を占めるが、現在の豚は胴長で尻や腿を中心とする後ろのほうで体重の70%を占めている。胴長に進化したため、イノシシの背骨の数が平均19個であるのに対して、豚の背骨は平均21個と増加している。さらに改良された豚では24個もあるという。出産の回数もイノシシが年１回に対し、豚が年２〜2.5回であり、１回当たりの出産頭数もイノシシ５頭前後に対し、豚は10〜12頭である。

　欧州原産の豚は身体が大きく、よい肉がとれる特質がある。アジア原産の豚は多産で良質で多量のミルクを出す特性がある。このため、現在、飼育されている豚はこの両者の掛け合わせで生まれた豚が主流になっている。18世紀、英国へ中国から豚が輸入され、「バークシャー種」が誕生した。この豚が日本の黒豚の原種であり、主に鹿児島県で飼育されている。

　ローマ帝国のアウグストゥスの時代、ガリア（現在のフランス）では生

ハムの形をした貨幣が流通していた。このことから、豚はすでに重要な食材になっていたことが分かる。ローマの地理学者のストラボンがイタリアの地域について、「それに加えても森にもドングリが非常にたくさん実るので、ローマはほとんどの食料をこの地方産の豚に頼っているほどである」と述べている[68]。

　当時から現在まで続いていると考えられる豚は、バスク豚、イタリアのチンタ・セネーゼ豚などがある。スペインにも、バスク豚、ケルト豚、ピゴール豚、マジョルカ豚、イベリコ豚などの豚がある。

　イタリアのポー川流域のパルマ、ヴェネツィア北部のサン・ダニエーレの生ハムも近代に白豚が輸入される前は伝統の製法を守り、古来のイタリア原産の豚を使用していた。

　スペインのハモン・セラーノの産地であるアンダルシアのトレベレスやカタルーニャのヴィックでも、近代に入る前はイベリコ半島原産の豚を使用していた。つまり昔は、生ハム（ハモン・セラーノ）の原料はイベリコ豚だったものもある。昔のスペインの生ハムの総称である「ハモン・セラーノ」には、イベリコ豚から作る「ハモン・イベリコ」も含まれていた。

## ⑤　ハムの種類と名称の変化

　前述したとおり、昔からハムには生ハムと加熱したハムが存在していた。このため、1990年以前は、「ハモン・クラード（生ハム）」と「ハモン・コシード（加熱したハム）」に大別され、ハモン・クラードのなかに「ハモン・セラーノ」と呼ばれる飛び切り美味しいハムが分類されていた。この時代は、イベリコ豚から作るハムも世界3大ハムの「ハモン・セラーノ」に区分されていた（図表3−22）。

　ところが、1990年代になると生産性の高い新種の白豚がハムの原料として大量に導入された。このため、ハモン・セラーノの材料は白豚の後脚か

---

68　ストラボン著、飯尾都人訳『ギリシア・ローマ世界地誌』龍溪書舎、1994年

図表 3 −22　スペインのハムの分類（1980年以前）

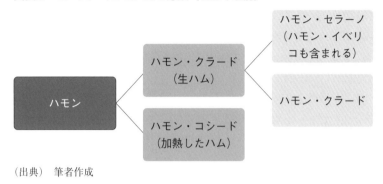

（出典）　筆者作成

ら作られることが多くなった。そこで1990年以降、イベリコ豚を原料とし
て生産される「ハモン・イベリコ」と区別し、その他の白豚を原料として
生産されるものを「ハモン・セラーノ」と呼ぶようになった。

　この結果、1990年以後は、世界 3 大ハムのハモン・セラーノにはイベリ
コ豚から作ったハモン・イベリコは形式的に含まれなくなったが、歴史的
な背景から鑑みてハモン・セラーノの今日の名声を作るにあたり、ハモ
ン・イベリコの功績は大きかったことは明らかであろう（図表 3 −23）。

## ⑥　イベリコ豚[69]

　スペインにはバスク豚、ケルト豚、ピゴール豚、マジョルカ豚などの豚
があるが、品質の優秀さと生産量において、スペインの豚を代表するのは
何といっても「イベリコ豚」である。このイベリコ豚は、北西欧州および
アルプスのイノシシから派生した「Sus scrofa ferus」からさらに派生

---

69　2001年 6 月から 8 月に25件の豚コレラがスペインで報告され、日本への輸
　　入が禁止されていたが2004年より輸入解禁となった。現在の日本・スペイン政
　　府間プロトコール（議定書）では豚肉熟成製品はこの病気が今後発生しても汚
　　染に関係しないとの取り決めがなされた。

図表 3 −23　スペインのハムの分類（1990年以降）

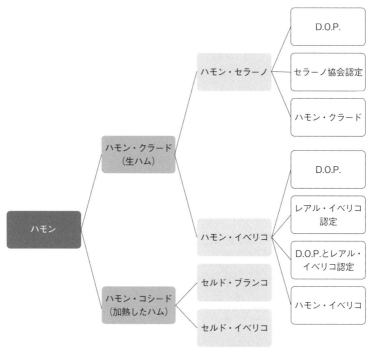

ハモン

ハモン・クラード
（生ハム）

ハモン・セラーノ

D.O.P.

セラーノ協会認定

ハモン・クラード

ハモン・イベリコ

D.O.P.

レアル・イベリコ
認定

D.O.P.とレアル・
イベリコ認定

ハモン・イベリコ

ハモン・コシード
（加熱したハム）

セルド・ブランコ

セルド・イベリコ

（出典）　筆者作成

した「Sus Mediterraneus（初期の地中海沿岸の野生種）」に由来した
豚といわれる。黒い脚と爪をもつ傾向があることから、スペイン語では
「黒い脚（pata negra）」と表現される場合があるが正確ではない。

　イベリコ豚は、夏の食物の少ない時期に粗食に耐え、実りの秋にドング
リなどの木の実をたくさん摂取して、一時に栄養分を肉のなかに霜降り状
の脂肪として蓄え、再び食物が少ない冬に備える生活環境に順応したもの
と推測されている。

　このため、成長速度を遅くし、1回で出産する子豚の数を減らして、種

として生存するように進化してきた豚である。一般的な家畜は、何でもよく食べ、早く成長し、優れた繁殖力を持つように品種改良されるのが通例であるが、イベリコ豚はこれと「真逆な進化」を遂げた豚といえる。この変わった進化の特質がイベリコ豚を他の豚と大きく異ならせる肉質を持たせることとなった。

　肉質がよく、脂身はさらりとして甘味があるのが特色。脂身には餌であるドングリ由来のオレイン酸を多く含む。これは餌や飼育法によるところが大きい。脂肪分がいわゆる霜降り状に付いているのは飼育法と品種的な特徴の両方から成るのである。

## ⑦　イベリコ豚の飼育法

　最大の特徴は放牧を行うこと。牛や羊やヤギなど草食動物とは異なり、豚は放牧されても主に草を食べるのではなく、土を掘り返し、草の根や球根、花の蕾、土中の虫、昆虫、カエル、ネズミ、カタツムリなどの小動物を好んで食べる。理由は、牛などが持つ4つの胃袋がないことと胃袋に繊維素分解酵素を持っていないためである。このため、豚は人間と同様、腸で繊維素を消化している。βデンプンを消化できる分だけ、豚は人間よりもデンプンの消化吸収力は高いが、草食動物に比べると劣っている動物である。

　具体的な飼育方法をみてみると、主力農産物である小麦を夏に刈り取った後、イベリコ豚を放ち、畑に落ちているわずかな落穂と小麦の切り株を与えるだけの状態で秋まで飼育する。この期間、イベリコ豚は落穂や小麦の根に含まれるβデンプンと土中の虫をタンパク源として耐え忍ぶ生活をする。その後、秋には林にドングリや栗が実るので、豚を山に連れて行き、デエサ（地中海性気候に特有な椎と樫類の灌木の林のある広い大地）に放牧する。この期間、人間からは餌を与えないが、イベリコ豚はデエサに自生する美味しいドングリや栗を十分に食べることができる。また、放牧することにより筋肉に変化が起き、赤身が強く乳酸率が高くなり、熟成

することで脂肪との親和性が高くなり、結果、味わいのバランスがよくなるといわれる。

　このように、イベリコ豚を収穫が終わった畑に放牧する方法は、古来ローマ農法に由来する地力回復方法とも考えられている[70]。

　このようにデエサに放牧する飼育方法は、本来ハムの原料にするためにとられてきた方法であり、近年、需要が急激に高まっているイベリコ豚の生肉（イベリコ豚肉）の生産方法ではない。イベリコ肉としての規定は2007年11月2日に制定された。

　イベリコ肉の飼育方法は下記のようになる。

---

哺乳期間：誕生から2カ月までは母豚からの哺乳により飼育される。
予備飼育：離乳から体重が100kg前後になるまでの期間。オークやコルク樫の森で天然穀物飼料、牧草、種子、草の根を自由に食べさせる。
肥育期間：モンタネーラ（montanera）と呼ばれる放牧期間。一般的には10月から翌年2月、3月まで続く。この間、イベリコ豚は自分でドングリ、牧草、球根植物、植物の根を食べる。この時期木の根を掘り起こさないように鼻輪をつける。こうすることで土を掘ろうとすると鼻輪がずれて痛くなるため豚は土を掘らなくなる。

---

　肥育期間（モンタネーラ）後の肉質や増加体重によってイベリコ豚はランクづけされる。

---

デ・ベジョータ（De Bellota）：放牧期間前と比較して、50％以上の

---

70　ローマ時代の政治家兼農学者のマルクス・ポルキウス・カトー・ケンソリウス（紀元前234〜149年）は、非灌漑地の核燃耕作の地力回復について解説している。

体重増があり、肉質がベジョータの基準をクリアしたもの。ベジョータとはスペイン語でドングリ。

デ・レセボ（De Recebo）：肉質がベジョータの基準をクリアできなかったものや、体重増が50％未満であり、モンタネーラ後も引き続き自然餌を加えた人工飼料を与え、体重を増加させたもの。レセボとは元来ワインの樽の補充分を意味する言葉だが、この場合はセボ（Cebo:飼料）を補った（Re:再）ものという意味。

デ・セボ・デ・カンポ（De Cebo de Campo）：放牧など屋外飼育だが穀物飼料を餌とする（2007年11月制定）。カンポとは野原や畑を意味する語で屋外飼育を意味する。

デ・セボ（De Cebo）：穀物飼料だけで肥育されたもの。セボとは飼料の意味。ピエンソ（PIENSO）とも呼ばれる。

またほかにも、純血と混血に大別される。市場には混血が多く、生ハムにおいては75％以上のイベリコ血統で、生肉については50％以上のイベリコ血統でイベリコを名乗ることが許されている。

## ⑧　スペインの食肉加工品の原産地呼称制度

大きく分けて２つある。第１は、「原産地呼称（Denominación de Origen）」と呼ばれる制度である。この制度は、原産地統制委員会（Consejo Regulador）が、地域特有の生産方法でその特定地域で得られた原料を加工し、製造されたものをD.O.として厳密に管理している。近年、この制度はEU規定に批准したため、D.O.P.（Denominación de Origen Protegida＝EUのPDO）と名乗るようになった。

ここでいう特定地域とは、従来原料の供給地域である地域を特定し、原料の生産される地域を認定している。D.O.P.の規定は、各原産地統制委員会が決定したものを、中央政府農林水産省（M.A.P.A.）が認可する方

法を採用している。

　第2は、「固有産地認定呼称（Denominación Especifíca）」と呼ばれる制度である。産地統制委員会が、その地域固有と認める商品の品質と特性を認定し、その地域特有の生産方法で、商品を加工し、製品品質を厳密に管理監督している。現在、EU規定に批准して、「I.G.P.（Indicación Geográfica Protegida＝EUのPGI）」と名乗るようになった。

　ハモン・イベリコについての原産地呼称（D.O.P.）は、現在4地域について定められており、原産地統制委員会により厳重に管理されている。この4地域の規定は、ハモン・イベリコにのみ適用される品質規定であり、規定の内容はスペイン政府の規定よりも厳しいものとなっている。

　具体的な地域は、ギフエロ（1986年6月10日認可、1991年10月23日および1993年11月30日改正）、デエサ・デ・エクストゥレマドゥーラ（1990年7月2日認可）、パジェ・デ・ロス・ペドロチェス（1998年1月30日認可）、ハモン・デ・ウエルバ（1995年7月12日認可）である。

## ⑨　6次産業化への取組み

　ハモン・セラーノの生産地として有名な「テルエル（Teruel）」は、山が多い地形であり（標高は海抜915m、最も高い標高は1,692m）、人口は少なく、スペインのなかでは比較的孤立した地域にある。厳しい気候で知られるが、しかしテルエルにはイスラム教徒の影響による美しい建築物があることで有名である。

　1986年にユネスコの世界遺産に登録された「アラゴンのムデハル様式の建築物」には、テルエルの4つの教会が含まれている。サンタ・マリア大聖堂の塔、屋根、ドーム、サン・ペドロ教会と塔、サン・マルティン教会と塔、エル・サルバドル教会の塔である。特に華麗な大聖堂はムデハル様式の代表的建築物である。このムデハル様式とは、イスラム文化の様式を取り入れた中世スペインの建築や装飾の様式で、12世紀から16世紀にアラゴンやカスティーリャで盛んになった。

図表 3−24　ハモン・セラーノのGICL分析

| GIのチェック要素 | 4 P分析の要素 | | | | 企業戦略・競合関係 | 需要条件 | 関連産業・支援産業 | | |
|---|---|---|---|---|---|---|---|---|---|
| | 商品 | 価格 | 流通 | 販促 | | | | 土壌 | 気候 |
| ハモン・セラーノ | ◯ | ◯ | ◯ | ◯ | ◯ | ◯ | ◯ | ◯ | ◯ |
| 備考 | WHOレポートで最も健康的な赤身肉 | 外国の消費者がそれをスペインのハイエンド製品の1つとして評価 | セラーノハムの輸出先は65カ国以上 | プロモーションと輸出戦略 | 60の生産工場 | 創業以来、1,600万個以上のセラーノハムが輸出、2020年は765,091個以上が輸出 | 29の関連スペイン企業 | 地中海式ダイエット、地中海の美食 | ハムを養生する習慣、寒くて乾燥した気候 |

（出典）　セラーノハムコンソーシアムのウェブサイト（https://consorcioserrano

| ダイヤモンドモデルの4要素 | | | | | | | | | 多言語化 |
| 要因（インプット）条件<br>（Linkの要素を含む） | | | | | | | | | |
| 天然資源 | | | 人的資源・ノウハウ等の人的要素 | 資本 | 物理インフラ | 経営インフラ | 情報インフラ・社会的評価の説明 | 科学テクノロジー面のインフラ | |
| 地域特性 | 地域産の特別の餌 | 品種 | | | | | | | |
| ○ | ○ | ○ | ○ | ○ | ○ | ○ | ○ | ○ | ○ |
| ピレネー山脈やカンタブリア山脈などの高い場所 | 品質シールは、常にスペインで作られる伝統的でユニークなセラーノハムを保証。100%スペイン産の原材料を使用し、市場に出回っている他の生ハムとは一線を画す風味と食感を備えている | 100%スペイン産の原材料 | EU全体で、ほとんどの国で商標登録 | 売上高は221億6,800万ユーロ、スペインの食品部門の21.6%を占める | 継続的な検査と監査を通じて、各生産工場は厳密に評価され、最適な衛生基準に準拠していることを確認 | 厳格な製品基準、継続的な監査、徹底的な品質管理、セラーノ品質シール | 管理番号により、セラーノハムの各ピースの品質が保証 | 原材料、製造プロセス、そして最も重要な完成品を管理 | 7言語<br>スペイン語<br>英語<br>フランス語<br>ドイツ語<br>ポルトガル語<br>イタリア語<br>オランダ語 |

.es/）を基に筆者作成

また、コンテンツ資源としては、13世紀初頭に金持ちの家の女性イサベル・セグラと貧乏な男性ディエゴ・マンシラが愛し合い、悲劇的な最期を遂げた「テルエルの恋人たち」の物語がある。2人の遺骸はサン・ペドロ教会に収められており、この物語に触発されて、トマス・ブレトンはオペラを作曲した。

　テルエルの郊外には、テーマパークと博物館からなる恐竜公園（Dinópolis Teruel）がある。古生物学公園として宣伝され、ティラノサウルスの実物大のロボット模型があるという。恐竜公園はテルエルのほかに県内に3つの博物館を持ち、この地域で発見された恐竜の化石を展示している。

　1999年に「Teruel existe」（テルエルは存在する）というスローガンのキャンペーン・グループが設立され、テルエル市と地域の知名度と投資を広げる運動が開始された。現在、このキャンペーンの効果もあって、テルエルへの交通は大きく改善され、サラゴサとサグントを結ぶ高速道路が建設され、大部分が開通している。しかし、テルエルには依然として首都マドリードに直通する鉄道がないのが大きな課題とされている。

## ▌事例4：ボルドーワイン

### ①　ボルドー市（Bordeaux）

　2007年7月9日にボルドー市（フランス）の一部がユネスコ（UNESCO）により「世界遺産」として登録された[71]。ニュージーランドのクライストチャーチで行われた選定会議で、1,810haのエリア内の350を超える建造物が価値のあるものとして認定されたのである。18～19世紀の都市計画によって生まれた調和のある街並みと、近年のガロンヌ河岸の歩行者空間と一体となった歴史的な再開発がポイントであった。

---

71　ユネスコウェブサイト（https://whc.unesco.org/en/list/1256）

これはボルドー市内の建築物と文化的価値を認めたもので、今回の認定はボルドー市の半分以上を占めるため、都市の世界遺産面積としては最大級となった。同時に、郊外の「シャトーオーブリオン」がある「ペサック地区」も保護されることになった。なお、ボルドーの北50kmに位置する「サンテミリオン」は、1999年に世界遺産に認定されている。

ワイン生産地の世界遺産登録は、ポルトガルの「ポートワイン」の産出拠点である「ポルト（Porto）」など数えるほどしかないから貴重だ。

## ② 地　　　理[72]

ボルドー市は、フランス南西部の中心的な都市で、ヌーヴェル＝アキテーヌ地域圏の首府、「ジロンド県」の県庁所在地である。ジロンド県は、フランス南西部に位置するフランス本土で最大の県である（海外県を含めると「ギュイヤンヌ・フランセーズ」が最大）。県名は、「ガロンヌ川」と「ドルドーニュ川」が合流してできた「ジロンド川」にちなんで「ジロンド県」と名付けられた。以前は、アキテーヌ公国の首府だった。

ボルドー市はフランス南西部の大西洋の近くに位置する。直線距離でパリから498km、ポーから172km、トゥールーズから220km、ビアリッツから170km、サン・セバスティアン（スペイン）から201km、アルカションから51kmという交通の要所に位置する。

街をガロンヌ川が横切り、外洋船舶が接岸可能な港があるが、多くはジロンド川下流の港、主に「ル・ヴェルドン＝シュル＝メール」を利用する。ボルドーにはガロンヌ川最下流の橋である「アキテーヌ橋」がある。

都市圏は急速に発展し、特に西方で強度のスプロール現象をもたらした。この現象は、特に、ボルドー都市圏の住居が３階建てを越えることがほとんどなく、そのうえ、４階建ては市街地中心部に隣接した城郭外に存

---

72　神田慶也編訳『ボルドー物語〜ワインの都市の歴史と現在〜』海鳥社、1998年

在している。

　中心市街地においては、1960〜1970年代に行われたメリアデック地区の改造作戦が、人と自動車の通行を切り離すことを狙って行われ、道路の上に歩行者用の歩道が建設された。2000年代初頭から、中心市街地再開発として路面電車を復活して大きく変化した。

　ボルドー市市街地の大部分が位置するガロンヌ川左岸は、ボルドー湖周辺のように多くの場合湿地である「大平原」を構成する。いくつかの丘があ

フランス　ボルドー市

（出典）　https://ja.wikipedia.org/wiki/%E3%83%9C%E3%83%AB%E3%8
3%89%E3%83%BC#/media/%E3%83%95%E3%82%A1%E3%82%A
4%E3%83%AB:Gironde_map_routes_villes.png（モノクロ加工）

るにもかかわらず、左岸の平均標高はとても低い。この草原は主に「砂利」が堆積したものである。土壌はやせ、水を透過し、熱を容易に貯蔵する。

　ガロンヌ川右岸は「石灰岩」の台地であり、全く違う地層である。このため、この地域でも小麦などが育たず、紀元前からぶどうなどを育てていた。標高は崖で90m近く上昇する。この台地上には、世界で最も高いワインを産するサン＝テミリオン、ポムロール、フロンサックといった世界的ぶどう園が、ボルドーから約20kmにわたって存在する。

　平均気温は１月の6.4℃から８月の20.9℃で、年間平均気温は13.3℃である。ボルドーでは夏に15〜20日程度、気温が摂氏30度を超える日がある。最高気温は2003年夏に観測され、摂氏41度に達した。その夏、気温が摂氏35度を超える日が過去最高の12日間続いた。ボルドーはしばしば年間2,000時間を超えて2,200時間にも達する沿岸部の長い日照時間の恩恵を享受している。

## ③　歴　　史[73]

　ボルドーの町は紀元前300年にケルト系ガリア人によって創設され、「ブルティガラ」と呼ばれていた。紀元前２世紀にはローマに占領されて主要な交易港となり、ワイン生産が盛んで商業地として栄えた。

　４世紀には、アクイタニア・セクンダ属州の州都となり、大司教座が置かれた。５世紀にローマ帝国が崩壊した後にゲルマン民族の一派であるゴート人に支配された。732年にはイベリア半島から来たアブド・アル・ラフマーンのイスラム軍に占領され、10世紀にはノルマン人のヴァイキングの侵略を受けた。10世紀後半にポワトゥー伯家がアキテーヌ公となった。

---

73　神田慶也編訳『ボルドー物語〜ワインの都市の歴史と現在〜』海鳥社、1998年

1154年、アキテーヌ女公エリアノールがやがてイングランド王となるヘンリー2世と結婚したため、イングランド王（プランタジネット家）がアキテーヌ公となり、アキテーヌ公爵領およびボルドーは12〜15世紀にかけてイングランドの支配下に入った。「アンジュー帝国」と呼ばれた。

　「百年戦争（イングランドとフランスとの戦い）」で、フランス王はアキテーヌ公爵領をイングランドから奪い、イングランドは1453年に撤退した。ボルドーはイングランドの支配である程度の自治を享受し支持していたため、1548〜1675年にかけてフランス王の支配に対して反逆した。

　ボルドーは18世紀に西インド諸島との貿易で黄金時代を迎える。フランス革命時には、穏健共和派であるジロンド派の本拠地であった。1871年、普仏戦争が敗勢に陥るなか、ボルドーで国民議会が開催され、ボルドーにフランス政府が置かれた。この時に、ティエールが行政長官に選ばれた。

　第一次世界大戦中にも、ドイツ軍がパリ近郊まで迫ったため、フランス政府がトゥールを経てボルドーに遷された。第二次世界大戦でも1940年6月にパリ陥落を前に一時期政府が置かれたが、間もなくドイツ軍に占領され、政府はヴィシーに遷る。その後もドイツの占領下に置かれたが、1945年4月、連合軍の手によって解放された。

## ④　ボルドーワイン

　ボルドーワインは、フランス南西部ボルドーを中心とした一帯で産出されるワインである。ジロンド県全域にわたる地域で「ボルドー」を名乗ることができ、この一帯は世界的に最も有名なワイン産地の1つである。

　ここで産出される赤ワインは、クラレット/クレレ（Claret）とも呼ばれる。また、白ワインについてもソーテルヌの甘口な貴腐ワイン、ソーテルヌ・ワインなどがその高い品質で知られる。

　ボルドー産の赤ワインに使用されるぶどうは、カベルネ・ソーヴィニヨン、カベルネ・フラン、メルローといった品種が中心で、適度な酸味と甘みが溶け合い、その繊細な味わいから「ワインの女王」と称されている。

ボルドーでもサンテミリオン地区で生産される赤ワインにはメルローの使用割合が多くなり、また違った味わいを持っている。一方、白ワインではソーヴィニヨン・ブランといった品種が多く使用される。しかし、ソーテルヌ地区で生産される甘口の貴腐ワインにはセミヨンが使用される。

　ボルドーでは、古くから品質に従ってワインの格付けが行われており、特に1855年のメドック地区における赤ワインの格付けが有名である。1855年の第1回パリ万国博覧会の開催時に、ナポレオン3世から要請された。

　AOCの畑は4万8,000haと圧倒的に広く、ブルゴーニュなどに比べると基準が緩いといわれる。1980年代にはボルドーワインに値しないものにまでAOCを与えていると、批判が出たこともあったが、現在は、ボルドーを含むアキテーヌ地方の農業部で、コンクールを多く実施するなど品質の向上に努めている。ボルドーには、AOCボルドーのほか、やや品質基準の厳しい「ボルドー・シュペリュール」がある。日本の八丁味噌も、江戸時代製法の味噌には上位ブランドを与えてはどうか。

## ⑤　ボルドー液

　古典的な殺菌剤であるが、現在も使用されている優れた発明である。1880年頃から、ぶどうの「べと病」を防ぐために「ボルドー液」が使われ始めた。

　「硫酸銅」と「消石灰」の混合溶液であり、塩基性硫酸銅カルシウムを主成分とし、果樹や野菜などの幅広い作物で使用されている。1ℓ当たりの硫酸銅、生石灰のグラム数に基づき、「4－4式ボルドー」や「6－6式ボルドー」のように表記する場合もある。ボルドー液は農林水産省が告示する『有機農産物の日本農林規格』の「別表2」で指定されており、有機法での利用が可能である。

　1882年、ボルドー大学の植物学教授であったピエール＝マリー＝アレクシス・ミラルデ教授が、メドック地方のぶどう園で、盗難対策に硫酸銅と石灰を混ぜた溶液を散布した街道沿いのぶどうには当時流行していたべと

現代のボルドー市内。トラムが走る

（出典）　https://pixabay.com/ja/より取得

病の被害がないことを発見した。

　ミラルデ教授は、フランスの植物学者、菌類学者であり、植物病理学の分野に貢献した。モンミレ＝ラ＝ヴィルで生まれ、ハイデルベルク大学やフライベルクで学んで、シュトラスブール大学（1869年）、ナンシー大学（1872年）、ボルドー大学（1876年）で植物学の教授を務めた。

　彼の主な業績は植物の防疫の分野である。1860年代に米国から欧州に侵入した「寄生虫フィロキセラ（ブドウネアブラムシ）」によって、欧州のぶどうが壊滅的な被害を受けたときに、モンペリア大学のプランションとともに、フィロキセラに耐性のある米国のぶどう品種を台木として接木する方法で流行を収束させた。

　1883〜1884年、ミラルデ教授が硫酸銅や石灰などをさまざまな配合でぶどうに集中散布する実験を行う。1885年、ミラルデ教授が『農業実践ジャーナル』にウリッセ・ガイオンと共著で「石灰と硫酸銅の混合液によ

るべと病の治療」と題した論文を掲載した。

　海外にもボルドー液の技術は渡来し、検証された。1892年、小島銀吉が
『実用教育農業全書』の第9編として「作物病害編」を出版し、そのなか
で、日本で初めてボルドー液を紹介した。1893年、スイスの植物学者、
カール・ネーゲリが銅の殺菌作用を発見した。1897年、茨城県のぶどう園
で日本初のボルドー液が使用された。

　1985年、フランスのボルドー市で「ボルドー液100年祭」が開催された。

## ⑥　カ ヌ レ

　「カヌレ（仏：Cannelé）」はフランスを代表する洋菓子である。少し
前、日本で大流行し、最近も再び流行している。代表的な「カヌレ・ド・
ボルドー」の場合は、「canelé de Bordeaux」とnが1つになる。

　フランスのボルドー女子修道院で古くから作られていた菓子であり、蜜
蝋を入れることと、カヌレ型と呼ばれる小さな型で焼くことが特徴であ
る。「カヌレ」とは「溝の付いた」という意味である。外側は黒めの焼き
色が付いており固く香ばしいが、内側はしっとりとして柔らかい食感を持

カヌレ（筆者撮影）

つ。

ボルドーではワインの澱を取り除くため、鶏卵の「卵白」を使用していた。そのため大量の「卵黄」が余り、その利用法として考え出されたものといわれる。現在では、伝統的なカヌレを保存するための同業組合も作られ、ボルドーには、600以上の製造業者がいる。

## ⑦　ワイン博物館[74、75]

2018年6月に「ワイン博物館」がワインの聖地ボルドーにオープンした。この博物館はボルドーワインのみならず、世界中のワインの魅力を伝える施設となっている。

古代メソポタミアより脈々と受け継がれてきた人間とワインの歴史を紐解き、世界各国のワインの魅力、ワインにまつわる歴史の偉人たちなどについて最先端技術を駆使した展示によって紹介している。

かつては「ワイン文明博物館」と命名されていたが、名前のとっつきにくさと、文明に限らずワインのすべてを体系的に紹介する施設ということで「ワイン博物館」に改名された。

外観に驚かされる。ワインのデキャンタの形を模して作られた。素材は木材、ガラス、ステンレス等が用いられ、木は「熟成樽」、ガラスは「ワイングラス」、ステンレスは「発酵タンク」と、すべてワインに縁のある素材が選択された。流れるような曲線模様はデキャンタのなかで揺れるワインを表し、黄金ともとれる外観色は隣接するガロンヌ川の色と溶け込むようにと工夫がされた。

1階は無料で見学できるスペースで、カフェや2種類のブティックがある。1つはワイングラスやワイン関連商品が販売されており、もう1つはワイン専門店だ。ここでは世界でワインを生産している93カ国中、実に80

---

74　フランス政府ウェブサイト（https://jp.france.fr/ja/bordeaux）
75　ボルドー観光協会ウェブサイト（https://www.bordeaux-tourisme.com/）

カ国のワインを販売している。

　予約制のワイン教室のほか、ボルドー観光局のインフォメーションセンターも設置されており、ワイナリーへのエクスカーションツアーなどもここで予約が可能である。日本の観光産業にも大いに参考になる。

　博物館エリアへの入場料は20ユーロで、オーディオガイド（日本語有）とワイン1杯の試飲代が含まれている。日本人の場合は入り口で日本語のガイドが内蔵された携帯電話のような機器とイヤホンを受け取り、各展示品にはイヤホンマークがあるので機器をかざすと選択言語のガイドが流れる仕組みである。

## ⑧　6次産業化への取組み

　ボルドーといえば「ワイン」と多くの方が考えると思うが、「ボルドー液」というぶどうの木などの殺菌液が発明されたり、ワインの醸造の過程で大量に余った卵黄で「カヌレ」が発明されたりした。

　ワインの名声を守るために、GI制度も誕生させた。近年では、「ワイン博物館」「海の博物館[76]」「アキテーヌ博物館[77]」などもあり、ますます観光地として発展している。

　日本にも、日本酒や焼酎などの多くのGIがある。今後のGI産品の発展と観光の振興のあり方を検討するうえで、ボルドー市の先進的な取組みは大いに参考になると思う。

---

76　2019年6月にオープンし、海に浮かぶ盆地の中心部、19世紀からのボルドーの歴史的な港に位置する海の博物館は、世界の海洋遺産の交流と強化の場（https://www.bordeaux-tourisme.com/sur-fleuve/musees-bordeaux/musee-mer-marine）

77　地方最大の歴史博物館で、コレクションを通じて、先史時代、古代、中世、18世紀、街の黄金時代など、この地域のすべての時代を発見することができる（https://www.bordeaux-tourisme.com/musees-bordeaux/musee-daquitaine）

図表 3 −25　ボルドーワインのGICL分析

| GIのチェック要素 | 4 P分析の要素 | | | | | | | | |
|---|---|---|---|---|---|---|---|---|---|
| | 商品 | 価格 | 流通 | 販促 | 企業戦略・競合関係 | 需要条件 | 関連産業・支援産業 | 土壌 | 気候 |
| ボルドーワイン | ○ | ○ | ○ | ○ | ○ | ○ | ○ | ○ | ○ |
| 備考 | ボルドーワインは、複数のぶどう品種のブレンドから生まれる | 幅広い価格帯 | ジロンダン貿易は、ボルドーワインの総マーケティングの70％以上を扱う | 広告キャンペーン、デジタルコミュニケーション、広報活動、広報活動、トレーニングを通じて、フランスおよび国際的にボルドーワインの知名度を高め、イメージを強化 | 技術的専門知識、市場知識、マーケティングおよびロジスティクス機能を組み合わせる | 170カ国以上に輸出、世界中のボルドーワインの生産、市場、マーケティングに関する知識を確保 | 300の商人、33の協同組合、約100の仲買人がボルドー地方のワイン部門を構成 | 土地は石灰岩であり、カルシウムが豊富な土壌、適切な土壌管理で生物多様性を維持 | 毎年の気候とできあがったワインの特色を年ごとに説明 |

（出典）　ボルドーワイン専門職協議会ウェブサイト（https://www.bordeaux.com

| ダイヤモンドモデルの4要素 | | | | | | | | | |
|---|---|---|---|---|---|---|---|---|---|
| 要因（インプット）条件<br>（Linkの要素を含む） | | | | | | | | | |
| 天然資源 | | | 人的資源・ノウハウ等の人的要素 | 資本 | 物理インフラ | 経営インフラ | 情報インフラ・社会的評価の説明 | 科学テクノロジー面のインフラ | 多言語化 |
| 地域特性 | 地域産の特別の肥料・育成方法 | 品種 | | | | | | | |
| ◯ | ◯ | ◯ | ◯ | ◯ | ◯ | ◯ | ◯ | ◯ | ◯ |
| ジロンド県（ガロンヌ川とドルドーニュ川、およびジロンド河口が中心） | テロワールの概念がワイン生産に重要な役割を果たしている | 6つの主要なぶどう品種と補助のぶどう品種を使用 | ワイン生産者、協同組合セラー、商人、仲買人、樽製造業者、職人クリュ | 6,100のワイン生産者 | 商社の数は300にのぼる、数世紀にわたって「ボルドー広場」として知られる | 最高の伝統と新しい最先端のノウハウの開発を組み合わせている | ボルドーワインについて学ぶための教育施設を設置 | 知識を深め、ボルドーワインの品質を維持し、環境と食品の安全性に関する新たな要件を予測 | 8言語<br>フランス語<br>ドイツ語<br>ベルギー語（フランス語）<br>ベルギー（オランダ語）<br>英語<br>米語<br>日本語<br>中国語 |

/fr）を基に筆者作成

### ⑨ ボルドーワイン専門職協議会[78]

1948年に設立されたボルドーワイン専門職協議会（CIVB）は、ボルドー ワイン産業の3つのファミリー（ぶどう栽培、取引、仲介）を代表している。CIVBは3つのミッションを担当している。

#### a マーケティング

広告キャンペーン、デジタルコミュニケーション、広報活動、トレーニングを通じて、フランスおよび国際的にボルドーワインの知名度を高め、イメージを強化する。

#### b 経　　済

世界中のボルドーワインの生産、市場、マーケティングに関する知識を確保する。

#### c 技　　術

知識を深め、ボルドーワインの品質を維持し、環境と食品の安全性に関する新たな要件を予測する。

---

78 https://www.bordeaux.com/fr

第**4**章

# 日本のGI制度と事例研究

2015年6月、日本もGI制度を導入したが、多くの日本国民はGI制度の存在や有効性をほとんど知らない。日本には伝統的な製造方法で作られた農産物・食品はたくさんある。これらの農産物・食品については、和食ブームを追い風にすれば、グローバル市場を狙うことができる。

　日本は、「日EU経済連携協定」などにより、日本で登録されているGI産品をEUなどでも保護されるようなグローバル戦略を実現している。日本からGI農産物・食品の輸出を増やして、EUの食品産業のように産業規模を大きくし、成長産業にすることはできるか。

# 1　攻めの農政

　2022年2月4日、農林水産省は「2021年の農林水産物・食品の輸出実績」を公表した[1]。2021年の農林水産物・食品の輸出額は「1兆2,385億円」であった。日本政府が年間輸出目標額としていた1兆円を突破し、前年比は25.6%（2,525億円）であった（図表4－1）。

　新型コロナウイルス感染症の影響下でも堅調であり、中国、米国などの経済活動が回復傾向に向かったことに加え、EUの伸びも大きく、政府の輸出拡大の取組みが後押ししたと思われる。

## ①　輸 出 先

　輸出先の第1位は中国、第2位は香港、第3位は米国である。輸出額の増加が大きい主な国・地域は、「中国（2,224億円、前年比35.2%増）」「米国（1,683億円、同41.2%増）」「台湾（1,245億円、同27.0%増）」など。

---

1　農林水産省ウェブサイト（https://www.maff.go.jp/j/press/yusyutu_kokusai/kikaku/220204.html）

## 図表 4 - 1　農林水産物・食品　輸出額の推移

（注）　2020年の（9,217）は少額貨物及び木製家具を含まない数値、2021年の（11,629）は少額貨物を含まない数値

（出典）　「2021年 1 -12月　農林水産物・食品の輸出額」（農林水産省輸出・国際局、https://www.maff.go.jp/j/press/yusyutu_kokusai/kikaku/attach/pdf/220204-3.pdf）p.4から転載

ベスト10ではないが、「EU（629億円、同43.8%増）」の伸びも大きい。

## ②　輸　出　額

　輸出額の増加が大きい主な品目は、「ホタテ貝（639億円、前年比103.7%増）」「牛肉（537億円、同85.9%増）」「ウイスキー（462億円、同70.2%増）」など。中国、米国などの外食需要の回復やEC販売の好調が要因とみられる。特にウイスキーは、世界的な知名度の向上により中国向けなどの単価が上昇し、欧米向けの家庭内需要の増加も輸出の拡大に貢献した。

図表4-2 2021年の農林水産物・食品の輸出額(国・地域別)

| 順位 | 輸出先 | 2021年1～12月(累計) | | | |
| --- | --- | --- | --- | --- | --- |
| | | 輸出額(億円) | 金額構成比(%) | 前年同期比(%) | 農産物 |
| 1 | 中華人民共和国 | 2,224 | 19.1 | +35.2 | 1,395 |
| 2 | 香港 | 2,190 | 18.8 | +6.0 | 1,505 |
| 3 | 米国 | 1,683 | 14.5 | +41.2 | 1,196 |
| 4 | 台湾 | 1,245 | 10.7 | +27.0 | 943 |
| 5 | ベトナム | 585 | 5.0 | +9.4 | 393 |
| 6 | 大韓民国 | 527 | 4.5 | +26.9 | 305 |
| 7 | タイ | 441 | 3.8 | +9.5 | 228 |
| 8 | シンガポール | 409 | 3.5 | +38.0 | 343 |
| 9 | オーストラリア | 230 | 2.0 | +39.1 | 203 |
| 10 | フィリピン | 209 | 1.8 | +35.6 | 77 |
| ― | EU | 629 | 5.4 | +43.8 | 518 |

(出典) 「2021年1-12月 農林水産物・食品の輸出額」(農林水産省輸出・国際局、pdf) p.7から転載

## ③ 攻めの農政

「2021年の農林水産物・食品の輸出実績」の発表時に、金子原二郎・農林水産大臣は会見し、「今後については、2025年に2兆円、2030年に5兆円の目標を達成するためには、輸出先国の規制やニーズに合った産品を供給するマーケットインの輸出体制の整備が重要」と述べた。「攻めの農政」は好調である(図表4-2)。

| 輸出額内訳（億円） | | 2021年12月（単月） | | | | |
| 林産物 | 水産物 | 輸出額（億円） | 前年同月比（％） | 農産物 | 林産物 | 水産物 |
|---|---|---|---|---|---|---|
| 239 | 590 | 200 | ＋8.9 | 133 | 21 | 45 |
| 18 | 668 | 214 | ▲10.2 | 143 | 2 | 69 |
| 64 | 423 | 176 | ＋46.2 | 113 | 6 | 57 |
| 34 | 268 | 177 | ＋40.1 | 131 | 4 | 42 |
| 8 | 184 | 73 | ＋11.9 | 47 | 0 | 26 |
| 45 | 176 | 65 | ＋43.4 | 33 | 4 | 28 |
| 7 | 206 | 40 | ＋24.6 | 25 | 1 | 14 |
| 5 | 60 | 45 | ＋26.0 | 37 | 1 | 7 |
| 2 | 25 | 26 | ＋64.3 | 23 | 0 | 2 |
| 108 | 24 | 22 | ＋46.2 | 7 | 13 | 2 |
| 16 | 94 | 57 | ＋25.5 | 44 | 1 | 12 |

https://www.maff.go.jp/j/press/yusyutu_kokusai/kikaku/attach/pdf/220204-3.

## 2　日本のGI制度

　2014年6月18日に成立した「特定農林水産物等の名称の保護に関する法律（地理的表示法：平成27年6月1日施行）」に基づき運用されている。日本のGI制度は、公表された明細書（産地、特性、生産の方法等を記載した書類）の基準を満たす産品のみにGIを使用することができ、GIの不正使用については、行政が取締りを行う制度である。

　2019年2月からは、新たに広告やメニュー等におけるGIの使用やGI産

## 図表4－3　日本のGI制度の考え方

### 産品

#### 生産地

- 下伊那郡高森町（旧市田村）が発祥の「市田柿」のみを使用
- 昼夜の寒暖差が大きいため、高糖度の原料柿ができる
- 晩秋から初冬にかけて川霧が発生し干柿の生産に絶好の温度と湿度が整う
- じっくりとした「干し上げ」、しっかりとした揉み込み

育まれて確立 →

#### 特性

- 「市田柿」は特別に糖度が高い
- もっちりとした食感
- きれいな飴色
- 小ぶりで食べやすい
- 表面を覆うキメ細かな白い粉化粧

○地理的表示は、生産者団体が産品について登録を受け、構成員が使用。登録内容は明細書に記載。
○登録を受けた生産者団体は、構成員が行う「生産」が、明細書に適合して行われるよう、必要な指導・検査等を実施（生産行程管理業務）。

○登録された地理的表示が不正使用された場合には、行政が取締り。

#### 地理的表示

### 市田柿

高い知名を有する市田柿という名称から産地と産品の特性がわかる

（出典）「地理的表示保護（GI）制度について」（農林水産省輸出・国際局、https://www.maff.go.jp/j/shokusan/gi-act/outline/attach/pdf/index-32.pdf）p.1を基に筆者加工

品の名称と誤認させるような表示についても規制対象となった。

2022年11月1日、農林水産省はGI制度の運用見直しを発表した[2]。各項目で、新運用をあわせて説明する（図表4－3）。なお、ここでは農産物と食品に関するGI制度について述べる。酒類のGI制度（国税庁所管）については後述する（第4章3③）。

## ① GI制度の概要

GI制度は、その地域ならではの自然的、人文的、社会的な要因・環境のなかで長年育まれてきた品質、社会的評価等の特性を有する産品の名称を、地域の知的財産として保護するものである。

外国との相互保護や模倣品対策の充実により、海外においても保護する。

ビジネスにおいては、地域と結びついた産品の品質、製法、評判、ものがたりといった潜在的な魅力や強みを見える化し、国による登録やGIマークと相まって、効果的・効率的なアピール、取引における説明や証明、需要者の信頼の獲得を容易にするツールとする。

〈新運用（2022年11月1日から）〉

所得・地域の活力の向上や輸出促進をさらに後押しするという。具体的には、次の2項目が追加された（図表4－4）。

(1) 地域で守られるべき伝統野菜から、加工品、海外志向の産品まで、多様な産品の登録につながるよう間口を広げるとともに、登録申請前および登録後における地域の負担を軽減する。

(2) GIを市場において目にする機会を増やすプロモーションを強化し、GIの認知・価値を高めていく。

---

2 「地理的表示保護制度の運用見直し」（2022年11月1日、農林水産省輸出・国際局知的財産課、https://www.maff.go.jp/j/shokusan/gi_act/outline/attach/pdf/index-24.pdf）

図表 4 - 4　GI制度の概要

```
┌─────────────────────────────────────────────────────────┐
│                  制度の大枠                                │
│                                                           │
│  ①地域ならではの要因との結び付きを有する産品について、生産地や特    │
│   性とともに、農林水産大臣が登録。                            │
│   （登免税として9万円要。更新料は不要）                       │
│                                                           │
│  ②生産地や生産方法等の基準を満たす産品を生産する生産者団体の構成    │
│   員及びその産品を販売等する者は、地理的表示及びGIマークを使用     │
│   できる。                                                  │
│  ※　登録内容を満たす産品を生産する地域の生産者は、登録団体への加入等により、地    │
│     理的表示を使用可能。                                     │
│                                                           │
│  ③地理的表示の不正使用は行政が取締り。                        │
│                                                           │
└─────────────────────────────────────────────────────────┘
```

効　果

○登録産品のみが地理的表示とGIマークを独占的に使用。
○国による取締により、訴訟の負担なく模倣品が排除可能。ブランド価値を守れる。
○海外との相互保護の取決めのある国においても保護される。

○地域と結び付いた産品の品質、製法、評判、ものがたりなどの魅力や強みが見える化。
○国による登録やGIマークと相まってブランドを強化。

○これらにより、取引における説明や証明、需要者の信頼の獲得も容易に。
○需要者にとっても、商品開発が容易になる、原料調達が安定する、SDGsへの貢献をアピールできるなどのメリット。

（出典）「地理的表示（GI）制度について」（農林水産省輸出・国際局、https://www.maff.go.jp/j/shokusan/gi_act/outline/attach/pdf/index-32.pdf）p.2を基に筆者加工

## ②　GI産品の主たる要件

### a　産品に関する基準

　特定農林水産物などであること。

・特定の場所、地域などを生産地とするものであること

・生産地ならではの自然的要因、人的要因との結びつきを有する品質、社会的評価その他の特性を有すること

・特性が確立したものであること（＝特性を有した状態で概ね25年以上の生産実績があること。ただし、国内外における周知性などを勘案して短縮可能）

〈新運用（2022年11月1日から）〉

・差別化された品質がなくとも、地域における自然的・人文的・社会的な要因・環境のなかで育まれてきた品質、製法、評判、ものがたり等のその産品独自の多彩な特性を評価する審査を推進。

・知名度なども考慮し、生産実績が25年に満たなくとも、登録の可否を弾力的に判断。

### b　産品の名称に関する基準

　以下の場合は登録できない。

・普通名称であるとき

・産品の名称が以下の産品に関する基準を満たす農林水産物などでないとき

・・名称から産地を正しく特定できる

・・名称から産品の特性を正しく特定できる

・すでに商標登録されているとき（ただし、商標権者が、GI登録に同意している場合を除く）

〈新運用（2022年11月1日から）〉

・GI産品と信頼して購入した需要者の利益を毀損しない、GI真正品について、名称の統一が申請への合意形成の支障とならないよう、登録名称

を分断する名称の継続使用を可能に（「霞ヶ関りんご」が登録された場合の「霞ヶ関○○りんご」）。

### c　生産者団体、生産方法に関する基準

・構成員の生産が明細書で定めた生産地・生産の方法に定められた生産者団体があること（法人格の有無を問わない）

・生産者団体について、加入の自由が規約などに定められていること

・生産者団体が、産品の特性を確保するための規程である「生産工程管理業務規程」を作成し、順守できること

・生産者団体が生産工程管理業務を実施するために必要な経理、人員体制を有すること

## ③　GI産品の保護対象

図表4－5の番号に合わせて説明する。「食用農林水産物等」と「非食用農林水産物等」の2種類に大別される。

食用農林水産物等（①と②）はすべてが保護対象である。

非食用農林水産物等（③と④）は、対象となる13品目を個別に政令で指定している。ただし、酒類（国税庁の所管）、医薬品、医薬部外品、化粧品、再生医療などの製品は対象外である。

「①農林水産物（食用に供されるものに限る；精米、カット肉など）、②飲食料品（①を除く；パン、めん類、豆腐など）、③非食用農林水産物（観賞用の植物、工芸農作物、観賞用の魚、立木竹、真珠に限定）、④飲食料品以外の加工品（飼料、漆、竹材、精油、木炭、木材、畳表、生糸に限定）」である。ただし、飼料は農林水産物を原材料又は材料として製造し、並びに加工したものに限るとされている。

## ④　GI登録の流れ

申請者は、生産業者が組織する団体でなければならない。生産業者個人では登録申請ができない。この組合は、法令、約款などに「加入自由」を

図表 4 − 5　登録および規制の対象となる産品の範囲

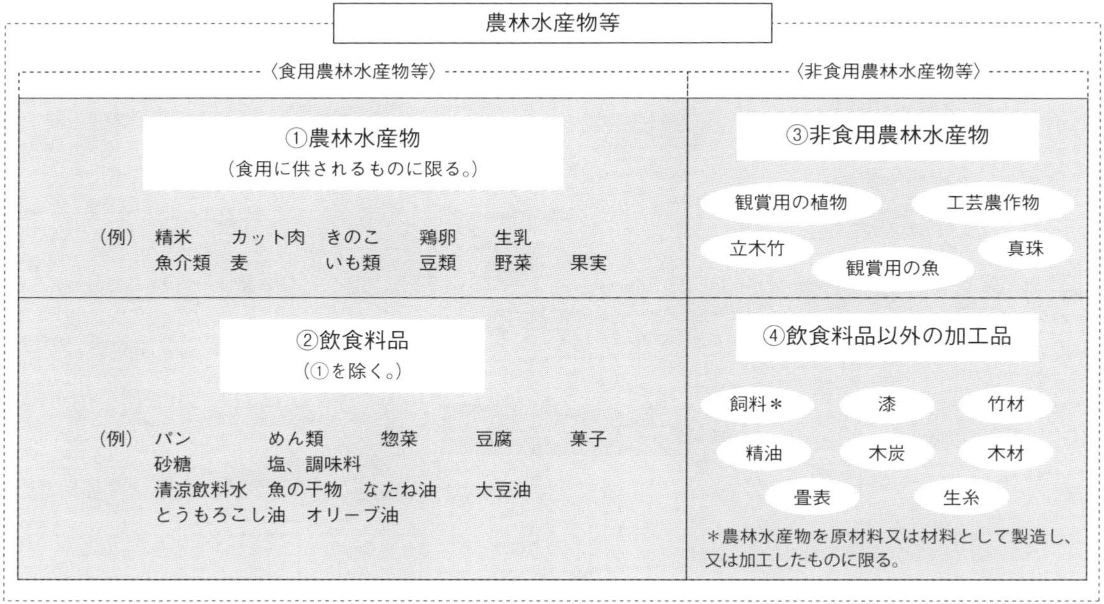

農林水産物等

〈食用農林水産物等〉

**①農林水産物**
（食用に供されるものに限る。）

(例)　精米　カット肉　きのこ　鶏卵　生乳
　　　麦　　いも類　　豆類　野菜
　　　魚介類　　　　　　　　　　　果実

**②飲食料品**
（①を除く。）

(例)　パン　めん類　惣菜　豆腐　菓子
　　　砂糖　塩、調味料
　　　清涼飲料水　魚の干物　なたね油　大豆油
　　　とうもろこし油　オリーブ油

〈非食用農林水産物等〉

**③非食用農林水産物**

観賞用の植物　　工芸農作物
立木竹　　　　観賞用の魚　真珠

**④飲食料品以外の加工品**

飼料＊　　　漆　　　竹材
精油　　木炭　　木材
畳表　　　生糸

＊農林水産物を原材料又は材料として製造し、
又は加工したものに限る。

(出典)　「地理的表示（GI）制度について」（農林水産省輸出・国際局、https://www.maff.go.jp/j/shokusan/gi_act/
outline/attach/pdf/index-32.pdf）p.9から一部転載

図表４－６　GI登録の流れ

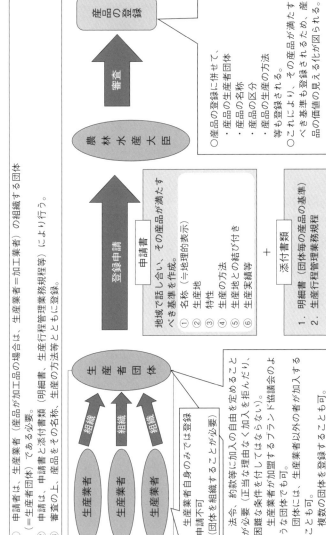

① 申請者は、生産業者（産品が加工品の場合は、生産業者＝加工業者）の組織する団体（＝生産者団体）である必要。

② 申請は、申請書と添付書類（明細書、生産行程管理業務規程等）により行う。

③ 審査の上、産品をその名称、生産の方法等とともに登録。

【生産者団体】

※ 生産業者自身のみでは登録申請不可（団体を組織することが必要）。

※ 法令、約款等に加入の自由を定めること が必要（正当な理由なく加入を拒んだり、困難な条件を付けてはならない）。

※ 生産業者が加盟するブランド協議会のような団体でも可。

※ 団体には、生産業者以外の者が加入することも可。

※ 複数の団体を組織することも可。

【申請書】

地域で話し合い、その産品が満たすべき基準を作成。

① 名称（＝地理的表示）
② 生産地
③ 特性
④ 生産の方法
⑤ 生産地との結び付き
⑥ 生産実績等

＋

【添付書類】

1. 明細書（団体毎の産品の基準）
2. 生産行程管理業務規程

【農林水産大臣】

○産品の登録に伴せて、
・産品の生産者団体
・産品の名称
・産品の区分
・産品の生産の方法
等も登録される。

○これにより、その産品が満たすべき基準も登録されるため、産品の価値の見える化が図られる。

（出典）「地理的表示保護（GI）制度について」（農林水産省輸出・国際局、https://www.maff.go.jp/j/shokusan/gi_act/outline/attach/pdf/index-32.pdf）p.13から一部転載、ただしモノクロ加工。

154

定めることが必要である。正当な理由なく、加入を拒否してはいけない。また、加入にあたり、困難な条件を付与してはいけない。生産者が加盟する「ブランド協議会」のような団体でもよい。団体には、生産業者以外のステークホルダーが加入することも許される。

　複数の生産者団体が共同して、GIを申請することができる（登録料の9万円は、複数の生産者団体が共同して支払えばよい）（図表4－6）。

## ⑤　日本のGIマーク

　GIマークとは、地理的表示法第4条第1項に規定されている登録標章（マーク）である。デザインは、大きな日輪を背負った富士山と水面をモチーフに、日本国旗の日輪の色である赤や伝統・格式を感じる金色を使用し、日本らしさを表現している。また、このGIマークは、商標登録されている（登録商標第5756405号）。

〈新運用（2022年11月1日から）〉
・GIマークを、GI産品の加工品に使用する場合のルールを明確化
・GIマークも効果的に活用し、外食、食品、観光などの他業種とのコラボ商品・コラボサービスの開発・提供を推進（今金男しゃく×湖池屋、

日本のGIマーク

（出典）https://www.maff.
go.jp/j/shokusan/gi_
act/gi_mark/

宮城サーモン×JR東日本、江戸崎かぼちゃ×セブンイレブンなどで実施）

## ⑥ GI法に基づく審査・登録

権利取得は、次のステップで行われる。

### a 申　　請

GI登録を希望する生産・加工業者の団体が農林水産省に登録申請を行う。必要な書類は、「申請書（名称（＝GI）、生産地、特性、生産の方法、産地との結びつき、伝統性）」「明細書（団体毎の産品の基準）」と「生産行程管理業務規程（団体が行う品質管理業務に関する定め）」である。

### b 農林水産大臣が審査

審査は、学識経験者からの意見聴取、必要に応じて利害関係者からの意見聴取などを経て行われる。

### c 登　　録

GIの名称と団体が登録される。登録時に9万円の登録料を支払わなければならないが、追加料金は発生せず、ルールを守っている限り半永久的に保護される仕組みとなっている（図表4－7）。

### d GIマークの使用

GIの基準を満たす産品に「GI（日本語での表示）」および「地理的表示マーク（GIマーク：⑤参照）」の使用が認められる。

## ⑦ 国内における取締り

### a 品質管理

農林水産大臣は、登録を受けた生産者団体に、「生産工程管理体制」のチェックを依頼する。生産者団体は、生産者の生産工程管理業務をチェックする。

〈新運用（2022年11月1日から）〉

・生産者の遵守事項の簡素化を推進。生産行程管理業務も、年1回の実績

図表 4 − 7　地理的表示法に基づく審査・登録手続

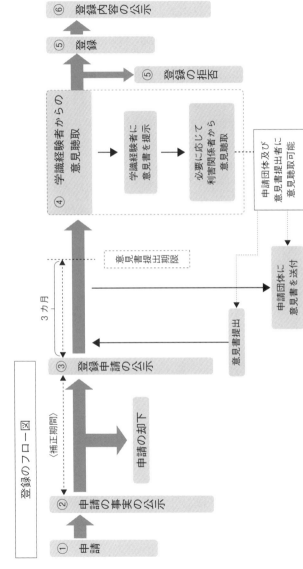

登録のフロー図

① 申請

② 申請の事実の公示

〈補正期間〉

申請の却下

③ 登録申請の公示

3カ月

意見書提出期限

意見書提出

申請団体に意見書を送付

申請団体及び意見書提出者に意見聴取可能

④ 学識経験者からの意見聴取

　学識経験者に意見書を提示

　必要に応じて利害関係者から意見聴取

⑤ 登録

⑤ 登録の拒否

⑥ 登録内容の公示

(出典)「地理的表示保護（GI）制度について」（農林水産省輸出・国際局、https://www.maff.go.jp/j/shokusan/gi_act/outline/attach/pdf/index-32.pdf）p.14から転載

報告書を廃止し、最終製品ではなく、生産の手順・体制をチェックする方法へ。

### b　農林水産大臣による生産者団体への取締り

農林水産大臣が不当な管理体制を行っている団体や生産業者に対して、措置命令やGI登録の取消などを行う。

### c　農林水産大臣による不正使用者への取締り

農林水産大臣が措置命令・罰則を行う。GIを取得する最大のメリットは、GIの不正使用（偽物など）を市場で発見した場合、農林水産省に通報すれば政府が取り締まってくれることである。国内外を問わず、組合などが訴訟負担（弁護士を雇うなど）を負わない事例が多いようだ。GI制度を活用しないのはもったいないと思う。

### d　海外での侵害対応

農林水産省は海外で日本のGIをどのように守ろうとしているのか。GIマークを海外で商標登録することにより、偽物が海外で販売された場合に商標権侵害で闘う戦略をとっている。GIマークが商標として登録されている国は、日本、大韓民国、台湾、カンボジア王国、フィリピン共和国、マレーシア、ミャンマー連邦共和国、ラオス人民民主共和国、欧州連合（EU）、オーストラリア連邦、ニュージーランドの11カ国。これらの国でGIマークを違法に使用している偽物業者に対して、農林水産省が法的措置をとる。生産者にとってこのメリットは非常に大きいと考えられる。

## ⑧　GI登録の現状

2015年6月から申請を受け付け始め、2022年10月21日時点で120産品の農林水産物・食品が保護されている（図表4−8）。122産品が登録されたが、生産工程管理業務を廃止したため、2産品が削除された。巻末資料1に、日本のGI一覧を掲載する。

## ⑨ 経済連携協定

### a EU

前述したとおり、2019年2月1日、日本の国会とEUの欧州議会の承認を経て、「日EU経済連携協定」が発効した。条約の発効時に、日本の農産物・食品は47産品、酒類は8産品の呼称がEUでGIとして保護されるようになった。2021年2月1日、2022年2月1日にも日本の農産物・食品、酒類が追加でGI保護されることとなった（巻末資料2）。

EUで指定により保護される外国の産品には、日本の登録標章（GIマーク）を付けることはできない。外国産品に、外国のGIマークが付いている場合もあるが、日本の法律では付けることを要求していない。

2022年2月に新たにEUで保護されるようになった日本側GIの食品23産品は、江戸崎かぼちゃ（茨城県）、今金男しゃく（北海道）、山形ラ・フランス（山形県）、などである。現在（2022年12月）、EU側106産品、日本側95産品が相互に保護されている。

### b 英　国

EUを離脱した英国とは、2021年1月に「日英包括的経済連携協定」を発効させ、指定されたGIの保護を行っている。現在、英国側3産品、日本側47産品が相互に保護されている。

## 3 GIを取り巻く法制度

2015年6月から施行されたが、GIは国内ではまだまだ知られていない。また、前述したとおり、GIと他の法律の保護領域が分かりにくい。

本章では農産物と食品のGI制度を中心に説明している。しかし現在の日本では地名のブランドを保護している法律として、「商標法（特に、地

## 図表 4 - 8　GI登録の現状

120産品（122産品登録のうち、2産品消除）
（令和4年10月21日時点）

### 九州

【福岡】
5.八女伝統本玉露
117.はかた地どり
【佐賀】
121.女山大根
【長崎】
61.対州そば
【熊本】
8.くまもと県産い草
9.くまもと県産い草畳表
67.くまもとあか牛
74.菊池水田ごぼう
88.田浦銀太刀
94.八代特産晩白柚
95.八代生姜
111.くまもと塩トマト
【大分】
22.くにさき七島藺表
33.大分かぼす
【宮崎】
55.宮崎牛
64.ヤマダイかんしょ
【鹿児島】
7.鹿児島の壺造り黒酢
46.桜島小みかん
57.辺塚だいだい
58.鹿児島黒牛
102.えらぶゆり
115.種子島安納いも

### 中国・四国

【鳥取】
11.鳥取砂丘らっきょう
70.大山ブロッコリー
72.こおげ花御所柿
80.大栄西瓜
【島根】
87.東出雲のまる畑ほし柿
91.三瓶そば
【岡山】
24.連島ごぼう
【広島】
83.比婆牛
84.豊島タチウオ
89.大野あさり
97.福山のくわい
【山口】
19.下関ふく
40.美東ごぼう
100.徳地やまのいも
【徳島】
42.木頭ゆず
【香川】
54.香川小原紅早生みかん
82.善通寺産四角スイカ
【愛媛】
10.伊予生糸
【高知】
96.物部ゆず

### 外国

【イタリア】
41.プロシュット
　　　ディ　パルマ
【ベトナム】
107.ルックガン　ライチ
110.ビントゥアン
　　　ドラゴンフルーツ

### 近畿

【滋賀】
56.近江牛
85.伊吹そば
122.近江日野産日野菜
【京都】
37.万願寺甘とう
【兵庫】
2.但馬牛
3.神戸ビーフ
78.佐用もち大豆
【奈良】
12.三輪素麺
【和歌山】
39.紀州金山寺味噌
108.わかやま布引だいこん

### 沖縄

【沖縄】
44.琉球もろみ酢

＊主な名称、主な生産地のみ記載

（出典）「地理的表示保護制度の運用見直し」（2022年11月1日農林水産省輸出・
　　pdf/index-24.pdf）p.3を基に一部転載、一部筆者加工

**北海道**

【北海道】
4.夕張メロン
21.十勝川西長いも
86.今金男しゃく
92.檜山海参
101.網走湖産しじみ貝
120.ところピンクにんにく

**北陸**

【新潟】
29.くろさき茶豆
81.津南の雪下にんじん
109.大口れんこん
【富山】
53.入善ジャンボ西瓜
98.富山干柿
112.氷見稲積梅
【石川】
17.加賀丸いも
20.能登志賀ころ柿
【福井】
14.吉川ナス
16.山内かぶら
43.上庄さといも
45.若狭小浜小鯛ささ漬
69.越前がに

**東海**

【岐阜】
48.奥飛騨山之村寒干し大根
50.堂上蜂屋柿
【愛知】
49.八丁味噌
116.豊橋なんぶとうがん
【三重】
25.特産松阪牛

**東北**

【青森】
1.あおもりカシス　23.十三湖産大和しじみ
52.小川原湖産大和しじみ　75.つるたスチューベン
90.大鰐温泉もやし　105.清水森ナンバ
【岩手】
28.前沢牛　47.岩手野田村荒海ホタテ
66.岩手木炭　68.二子さといも　73.浄法寺漆
106.甲子柿　114.広田湾産イシカゲ貝
【宮城】
31.みやぎサーモン　65.岩出山凍り豆腐
104.河北せり
【秋田】
32.大館とんぶり　51.ひばり野オクラ
60.松館しぼり大根　79.いぶりがっこ
93.大竹いちじく
【山形】
26.米沢牛　30.東根さくらんぼ　62.山形セルリー
76.小笹うるい　99.山形ラ・フランス
【福島】
63.南郷トマト　113.阿久津曲がりねぎ
118.川俣シャモ

**関東**

【茨城】
6.江戸崎かぼちゃ　38.飯沼栗
59.水戸の柔甘ねぎ　71.奥久慈しゃも
【栃木】
35.新里ねぎ
【東京】
77.東京しゃも
【山梨】
119.あけぼの大豆
【長野】
13.市田柿　34.すんき
【静岡】
18.三島馬鈴薯　36.田子の浦しらす
103.西浦みかん寿太郎

国際局知的財産課、https://www.maff.go.jp/j/shokusan/gi_act/outline/attach/

図表 4 − 9　GI法を取り巻く法制度

（出典）　筆者作成

域団体商標、団体商標）」「不正競争防止法」「酒団法（酒税の保全及び酒類業組合等に関する法律）」「JAS法（農林物資の規格化及び品質表示の適正化に関する法律）」などがあり複雑である（図表 4 − 9 ）。

　例えば、ワイン、焼酎、日本酒などの酒類。酒類のGIを保護するのは「酒団法」であり、財務省国税庁が所管している。

　全分野の商品や役務（サービス）を保護する「商標法」は特許庁、「不正競争防止法」「伝産法（伝統的工芸品産業の振興に関する法律）」は経済産業省が所管している。「GI法」と「JAS法」は、農林水産省が所管している。

　今後は、伝統工芸品や工業製品などにもEUがGIの保護対象を拡大しようとしているので話題になるだろう。これは農林水産省だけの問題ではない。農林水産省、国税庁、経済産業省、特許庁などに横断した課題だ。

## ①　商　標　法

　商標とは、事業者が、自己（自社）の取り扱う商品・サービスを他人（他社）のものと区別するために使用するマーク（識別標識）である。商

品やサービスに付ける「マーク」や「ネーミング」を財産として守るのが
「商標」制度である。

　商標には、文字、図形、記号、立体的形状やこれらを組み合わせたもの
などのタイプがあり、2015年4月からは、動き商標、ホログラム商標、色
彩のみからなる商標、音商標および位置商標なども登録ができるように
なった。

　商標出願の種類には、（一般の）商標、団体商標、地域団体商標、防護
標章の4種類がある。

　「団体商標」とは、1998年に導入された組合が商標を取得できるように
する仕組みである。一般の商標は、商標権者が製品を製造するが、組合は
管理するだけで、組合のメンバー（構成員）が製品を製造している。1998
年までは、生産をしていない組合が商標を取得できるかどうかが明確でな
かった。欧州の要求を受け、TRIPS協定の商標に「団体商標」が加わっ
た。

　「地域団体商標」とは、地域産業の競争力強化と経済の活性化を支援す
るため、地域の名称および商品（役務）の名称等からなる商標を一定の要
件のもと保護する制度で、2006年に導入された。2006年以前は、地域ブラ
ンドが大変な話題だったが、地名を入れた商標はほとんど登録されなかっ
た。拒絶される理由は、「地名」を特定の者に独占させることは妥当では
ないので、日本全国で超有名な場合だけ登録できる制度だったからだ。
「サッポロビール」「日本ハム」「西陣織」などは登録されていた。しかし
全国で超有名になるまで模倣品が出てくる可能性がある。そこで、近隣の
地域で有名と証明できれば「地名＋商品名」の商標を認めることとした。
この地域団体商標は、「標準文字」のみの商標である。図形との組み合わ
せではないので、一般的に権利は強いと考えられる。

　商標とGIは名称の保護である点では共通する。しかし、GIは明細書に
記載した原料や生産方法などで生産していることが保証されている点で異
なる。

## ②　不正競争防止法（不競法）

　著名表示の冒用や虚偽表示、技術的制限手段を妨げる装置の販売など、必ずしも競業者間の行為でなくても、一定の行為基準に反して利益を得る行為などの不正競争について定める法律である。事業者間の公正な競争に不正な競争を与えるものとして、混同惹起行為（第2条第1項第1号）や著名表示冒用行為（第2条第1項第2号）などが禁止されている。

　「原産地名の不正使用」は「混同惹起行為」と考えられる。この不正競争という概念は工業所有権の保護に関するパリ条約に規定されており、不正競争防止法はこのパリ条約に加盟するために国内法の整備の一環として制定された経緯がある。

　この規定は、パリ条約第10条の2第3項第1号で「いかなる方法によるかを問わず…混同を生じさせるようなすべての行為」と混同招来行為を包括的に禁止することを加盟国に義務づけている部分に対応している規定であるから、混同防止に主眼があるものであり、いわゆる「商標的な使用」であるか否かにつき厳格に解するべきではないとされている。

## ③　酒税の保全及び酒類業組合等に関する法律（酒団法）

　農林水産省のGIと、保護対象は重ならない。WTO加盟のため、国税庁は1994年に「ぶどう酒と蒸留酒」についてのGI制度を制定し、2015年にすべての酒類を対象とする改正を行った。

　国税庁長官の指定品およびWTO加盟各国において保護されているぶどう酒または蒸留酒について地理的表示の使用を規制しており、当該産地以外の地域で作られているものは地名を使用することができない（TRIPS協定第23条　ぶどう酒及び蒸留酒の地理的表示の追加的保護）。追加的保護とは、産地を明示しても、「風」などの言葉を足しても地名を使用できないということである。具体的には、「山梨県産ボルドーワイン」「ボル

図表 4 － 10　国税庁長官が指定した酒類の地理的表示（GI）

| No | 名称 | 産地の範囲 | 指定した日 | 酒類区分 |
|---|---|---|---|---|
| 1 | 壱岐 | 長崎県壱岐市 | 平成 7 年 6 月30日 | 蒸留酒 |
| 2 | 球磨 | 熊本県球磨郡及び人吉市 | 平成 7 年 6 月30日 | 蒸留酒 |
| 3 | 琉球 | 沖縄県 | 平成 7 年 6 月30日 | 蒸留酒 |
| 4 | 薩摩 | 鹿児島県（奄美市及び大島郡を除く。） | 平成17年12月22日 | 蒸留酒 |
| 5 | 白山 | 石川県白山市 | 平成17年12月22日 | 清酒 |
| 6 | 山梨 | 山梨県 | 平成25年 7 月16日 | ぶどう酒 |
| 7 | | | 令和 3 年 4 月28日 | 清酒 |
| 8 | 日本酒 | 日本国 | 平成27年12月25日 | 清酒 |
| 9 | 山形 | 山形県 | 令和 3 年 6 月30日 | ぶどう酒 |
| 10 | | | 平成28年12月16日 | 清酒 |
| 11 | 灘五郷 | 兵庫県神戸市灘区、東灘区、芦屋市、西宮市 | 平成30年 6 月28日 | 清酒 |
| 12 | 北海道 | 北海道 | 平成30年 6 月28日 | ぶどう酒 |
| 13 | はりま | 兵庫県姫路市、相生市、加古川市、赤穂市、西脇市、三木市、高砂市、小野市、加西市、宍粟市、加東市、たつの市、明石市、多可町、稲美町、播磨町、市川町、福崎町、神河町、太子町、上郡町及び佐用町 | 令和 2 年 3 月16日 | 清酒 |
| 14 | 三重 | 三重県 | 令和 2 年 6 月19日 | 清酒 |
| 15 | 和歌山梅酒 | 和歌山県 | 令和 2 年 9 月 7 日 | その他の酒類 |
| 16 | 利根沼 | 群馬県沼田市、利根郡片品 | 令和 3 年 1 月22日 | 清酒 |

| | 田 | 村、川場村、昭和村、みなかみ町 | | |
|---|---|---|---|---|
| 17 | 萩 | 山口県萩市及び阿武郡阿武町 | 令和3年3月30日 | 清酒 |
| 18 | 佐賀 | 佐賀県 | 令和3年6月14日 | 清酒 |
| 19 | 大阪 | 大阪府 | 令和3年6月30日 | ぶどう酒 |
| 20 | 長野 | 長野県 | 令和3年6月30日 | ぶどう酒 |
| 21 | | | | 清酒 |
| 22 | 新潟 | 新潟県 | 令和4年2月7日 | 清酒 |
| 23 | 滋賀 | 滋賀県 | 令和4年4月13日 | 清酒 |

（出典）　国税庁ウェブサイト（https://www.nta.go.jp/taxes/sake/hyoji/chiri/ichiran.htm）から一部転載・筆者加工

ドー風ワイン」は使用してはならない。

　また、日本酒、和歌山梅酒以外は、「地名」のみを保護している点が農林水産物や食品のGIとの違いである。

　最初に、国税庁長官の指定した地名は、単式蒸留焼酎の「壱岐（長崎県壱岐市）」「球磨（熊本県球磨郡、人吉市）」「琉球（沖縄県）」の3つだった。

　現在は23が登録されている。一番、驚かれるのは8番目の「日本酒（清酒）」だろう。日本以外で醸造したものは「清酒」と呼称しなければならないとした（図表4−10）。

　シャンパーニュの闘い（第3章事例2）をウォッチングしているせいだろうか。米国産「日本酒」や中国産「日本酒」は認めないとする、国税庁の闘う姿勢は素晴らしいと思う。

## ④ 農林物資の規格化及び品質表示の適正化に関する法律（JAS法）

　飲食料品等が一定の品質や特別な生産方法で作られていることを保証する「JAS規格」と、原材料、原産地など品質に関する一定の表示を義務付ける「品質表示基準」から成っている。食の偽装事件が起こったとき、よく報道されるのでご記憶のある方もいると思う。

　JAS規格とは、農林水産大臣が制定した農林規格による検査に合格した製品にJASマークを付けることを認める制度であり、品質と生産方法の2つに分けられる。品質については、「JASマーク」が制定されている。これは、品位、成分、性能等の品質についての規格を満たす食品や林産物などに付される。これ以外に、①「特色JASマーク（相当程度明確な特色のあるJASを満たす製品などに付される）」、②「有機JASマーク（有機JASを満たす農産物などに付される。有機JASマークが付されていない農産物、畜産物および加工食品には「有機○○」などと表示することができない）」、③「試験方法JASマーク（試験方法JASを使用した試験の結果などに付される）」がある。

　品質表示基準は、飲食料品の品質に関する表示の適正化を図り一般消費者の選択に資するため、農林物資のうち飲食料品（生産の方法または流通の方法に特色があり、これにより価値が高まると認められるものを除く）の品質に関する表示である。生鮮食品の品質表示基準としては、名称や原産地などがある。加工食品の品質表示基準としては、原材料名、賞味期限、製造者などがある。赤福や鳥の産地偽装事件など話題になった。

　JAS規格も品質表示基準も、欧州で規定されているGIの概念と重なる部分はあるが、地理的表示を直接的に保護する制度とはいえない。

　フランスでは、INAOを2007年1月から「国立原産地品質研究所」に改名し、「有機農業」「赤ラベル」などの品質管理も所管させた。日本もGIとの連携政策を所管する部局が必要かもしれない。

JAS規格

　JASマーク　　特色JASマーク　有機JASマーク　試験方法JAS
　　　　　　　　　　　　　　　　　　　　　　　　　マーク

（出典）　農林水産省ウェブサイト（https://www.maff.go.jp/j/jas/jas_kikaku/）

## ⑤　不当景品類及び不当表示防止法（景品表示法）

　不当な表示や過大な景品提供を規制することにより、事業者間の公正な競争を確保し、一般消費者の利益を保護するための法律であり、独占禁止法の特例として1962年に制定された。秋田県の肉製品加工会社が、比内地鶏と表示した肉や卵の燻製に比内地鶏を使っていなかったことが分かり、秋田県が2007年10月20日に景品表示法違反などの疑いで検査した事例もある。地理的表示の保護というよりは、地理的表示を不当に使用した場合に取り締まる制度と考えられる。

## ⑥　伝統的工芸品産業の振興に関する法律（伝産法）

　経済産業大臣は、「伝統的工芸品」として、以下の5つの要件に該当する工芸品を指定する。

---

　一　主として日常生活の用に供されるものであること。

　二　その製造過程の主要部分が手工業的であること。

　三　伝統的な技術又は技法により製造されるものであること。

　四　伝統的に使用されてきた原材料が主たる原材料として用いられ、
　　　製造されるものであること。

五　一定の地域において少なくない数の者がその製造を行い、又はその製造に従事しているものであること。

　指定または指定の変更を希望する場合は、一定の要件に該当する事業協同組合等（事業協同組合、協同組合連合会、商工組合その他の団体）が、都道府県知事等を経由して、経済産業大臣に申出を行うことができる。

　ただし、上記の5要件に適合するかどうかを判断するための証拠（現存物、文献など）の収集・整理、申出書の作成などにより、申出を行うまでに相当の期間（通常2年以上）を要する場合が多い。

　前述したとおり、EUは伝統的工芸品や工業品を「GI」として認めようとしている。日本は、国レベルの伝統的工芸品も多数ある。都道府県レベルのものはもっと多くある。EUの新しい工芸品のGIは、日本のチャンスになるかもしれない。

# 4　事例研究

　日本のGI産品にもEUのGI産品にも負けないくらいにブランディングやマーケッティング戦略に長けたものもある。筆頭格の1つは「神戸ビーフ」といえる。農林水産省の「登録産品紹介」のデータも参照しながら、日本のGIを紹介する。

## 事例1：神戸ビーフ

### ①　神戸ビーフ（登録番号第3号）[3]

　2016年に日本のGIが最初に登録されたときのグループに入っていた。GIの重要性についての認識が高かったので対応が早かったものと思われ

図表 4 −11　登録産品紹介

| 特定農林水産物等の区分 | 第 6 類 生鮮肉類 牛肉 |
|---|---|
| 特定農林水産物等の生産地 | 兵庫県内 |
| 登録生産者団体 | 神戸肉流通推進協議会 |
| 特定農林水産物等の特性 | 兵庫県北部の但馬地方の山あいで長い歳月をかけ改良が重ねられた但馬牛を素牛として肥育し、A・B 4 等級以上でBMS値No.6以上に格付された枝肉であり、最高級の霜ふり肉。 |
| 地域との結びつき | 素牛である但馬牛は、約1200年も昔から兵庫県北部の但馬地方の山あいで農耕に用いられた役牛が由来。明治期に肉牛として遺伝的に良質な血統であることが認識された。兵庫県の県有種雄牛のみを歴代に亘り交配し、長い歳月をかけ改良が重ねられた種雄牛と同じく県内の但馬牛を交配した良質な肉質の肉用牛。 |

（出典）　農林水産省ウェブサイトを基に筆者作成

る。

　神戸ビーフは1200年前の役牛がルーツの「但馬牛」がよい形質を持っていた。この牛に地域の努力が加えられ、世界屈指の牛肉ブランドとなった（図表 4 −11）。

## ②　神戸肉流通推進協議会（兵庫県神戸市）[4]

　1983年、生産者・食肉流通業者・消費者により設立され、神戸ビーフの

---

3　農林水産省ウェブサイト（http://www.maff.go.jp/j/shokusan/gi_act/register/3.html）

ブランド管理と消費拡大に係る取組みを行っている。

　2011年からは兵庫県、神戸市の観光部局および一般社団法人神戸国際観光コンベンション協会が行う「神戸観光事業」の取組みに参画し、神戸ビーフに関する情報を発信しているほか、「神戸ビーフオフィシャルレストランガイド」（2016-2017版では全国の指定登録店86店舗を掲載）を作成し、地域情報紙への折り込み、神戸市内のホテルおよび観光案内所での配布を行っている。

　2010年には神戸を訪れる外国人旅行者をサポートする通訳案内士、2014年には観光案内ボランティアを対象として、「神戸ビーフ」に関する研修会も行っている。

　2012年2月からは、神戸ビーフの輸出が開始された。東南アジア、欧米等、20の国・地域に輸出先が拡大している（2017年1月現在）。また、さらなる輸出拡大に向け、兵庫県の事業を活用して、海外でのプロモーション活動を毎年実施している。

　取組推進のポイントは、兵庫県、神戸市の観光部局および一般社団法人神戸国際観光コンベンション協会等の関係団体と連携し、インバウンドおよびアウトバウンドの取組みを推進していることである。

　また、「神戸ビーフ」「但馬牛」は地理的表示保護制度（GI）の「指定農林水産物等」に登録され、今後、GIマークを活用したさらなるブランド力の強化を図ることとしている。

## ③　神戸ビーフ・神戸肉流通推進協議会のウェブサイト[5]

　1868年、国際港として海外に門戸を開いた神戸には、多くの外国人が移り住んだ。神戸は、日本の伝統と外国文化が出会う交差点だった。食肉文

---

4　近畿農政局ウェブサイト（https://www.maff.go.jp/kinki/seisaku/kihon/inbound/jirei/j_27.html）

5　https://www.kobe-niku.jp/

神戸ビーフを紹介するウェブサイト

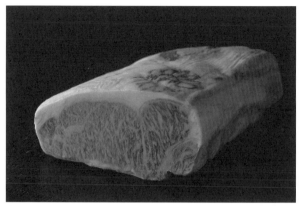

（出典）　神戸ビーフ・神戸肉流通推進協議会ウェブサイト
（https://www.kobe-niku.jp/）

化の定着していなかった当時、初めて神戸で但馬牛を食べたのは、あるイギリス人だったといわれている。

　農夫たちの作業用に使われていた但馬牛を譲り受けて食べたそうだ。天からの贈り物のように美味しかったと思われる。

　その後、神戸に入港する外国船からも牛の納入を求められるようになり、「神戸ビーフ」と呼ばれるようになったという。

　最初に発見したのが外国人だったという、興味深い事例だと思う。

## ④　神戸ビーフとは

　圧巻なことは、肉の定義を明確にしている点である。格付け表に示し、但馬牛、神戸ビーフの定義を明確にしている（図表 4 −12）。さらに、トラブルがあったときの判定人まで定めている。

【第20条】
　「但馬牛」とは、本県の県有種雄牛のみを歴代に亘り交配した但馬

神戸ビーフの高級感をアピールする一例

(出典) 神戸ビーフ・神戸肉流通推進協議会
ウェブサイト (https://www.kobe-
niku.jp/en/contents/merchant/about.
html)

牛を素牛とし、繁殖から肉牛として出荷するまで当協議会の登録会員
(生産者) が本県内で飼養管理し、本県内の食肉センターに出荷した
生後28カ月齢以上から60カ月齢以下の雌牛・去勢牛で、歩留・肉質等
級が「A」「B」2等級以上とし、瑕疵等枝肉の状態によっては委嘱
会員 (荷受会社等) の確認により判定を行う。尚、但馬牛を但馬ビー
フ、TAJIMA BEEFと呼ぶことができる。

【第21条】

神戸ビーフを紹介するウェブサイト

（出典）　神戸ビーフ・神戸肉流通推進協議会ウェブサイト（https://www.kobe-niku.jp/en/contents/merchant/about.html）

> 「神戸肉・神戸ビーフ」とは、第20条で定義する「但馬牛」のうち、未経産牛・去勢牛であり、枝肉格付等が次の事項に該当するものとする。尚、神戸肉・神戸ビーフをKOBE BEEF、神戸牛（ぎゅう）、神戸牛（うし）と呼ぶことができる。

〈1〉歩留・肉質等級　「A」「B」4等級以上を対象にする。

〈2〉脂肪交雑　脂肪交雑のBMS値No.6以上とする。

〈3〉枝肉重量　雌は、270kg以上から499.9kg以下とする。
　　　　　　　　去勢は、300kg以上から499.9kg以下とする。

〈4〉その他　枝肉に瑕疵の表示がある場合は、本会が委嘱した畜産荷受

図表 4 −12　神戸ビーフ、但馬牛の格付け表

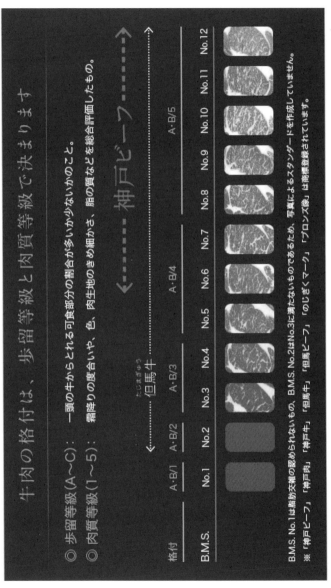

牛肉の格付は、歩留等級と肉質等級で決まります

◎ 歩留等級 (A〜C)： 一頭の牛からとれる可食部分の割合が多いか少ないかのこと。
◎ 肉質等級 (1〜5)： 霜降りの度合いや、色、肉生地のきめ細かさ、脂の質などを総合評価したもの。

⟵------- 神戸ビーフ ------➤

⟵······ 但馬牛 ······➤
たじまぎゅう

| 格付 | A・B/1 | A・B/2 | A・B/3 | A・B/4 | A・B/5 |
|------|--------|--------|--------|--------|--------|
| B.M.S. | No.1 | No.2 | No.3 | No.4 | No.5 | No.6 | No.7 | No.8 | No.9 | No.10 | No.11 | No.12 |

B.M.S. No.1は脂肪交雑の認められないもの。B.M.S. No.2はNo.3に満たないものであるため、写真によるスタンダードを作成していません。
※「神戸ビーフ」「神戸肉」「神戸牛」「但馬牛」「但馬ビーフ」「のじぎくマーク」「ブロンズ像」は商標登録されています。

（出典）神戸ビーフ・神戸肉流通推進協議会ウェブサイト（https://www.kobe-niku.jp/contents/about/definition.html）

会社等（委嘱会員）がこれを確認し、「神戸肉・神戸ビーフ」の判定をする。

## ⑤　WAGYU問題

神戸ビーフのようにブランドがグローバルに確立している牛肉は影響が少ないかもしれないが、和牛の海外販売には大きな問題が立ちふさがっている。

海外では日本産の「和牛」と、ニュージーランド、オーストラリア、中国などで生産された「WAGYU」が混戦している。「和食」が世界無形文化遺産になっても、「和」は日本のことを意味しないと強弁する外国人もいる。油断してはいけない。

「WAGYU問題」とは、1970年代から近年まで、日本から和牛の遺伝資源（動物、精液など）がニュージーランドやオーストラリアなどに輸出され、その結果、和牛の遺伝子を持っている外国産の牛が「WAGYU」と呼ばれ、アジアで大量に販売されている件である。すでにオーストラリアには「WAGYU協会」があり、ニュージーランド人が中国人に「WAGYU」の名称を使うことを許可するまでに至っている。

農林水産省もさまざまな対策をとっている。遺伝資源の流出を防止する法律の制定を行った。是非、壊れつつある「和牛」のブランドを再構築してほしいと願う。

今、国内には300以上の銘柄牛があるといわれる。銘柄牛が増えているのは、「飼料の高騰」に対抗するため。他の地域の牛よりも美味しいなどの付加価値を示し、高価格でも売れることを狙っている。

商標登録されている牛を調査すると、但馬牛に匹敵する歴史のある牛もある（豚肉や鶏肉もある）（図表4-13）。今後、これらの牛を個々にブランド化するのか、日本の和牛という大きな傘（ハウスマーク）の下に、個別の牛ブランドを並べるのか。今後の戦略が重要だ。

グローバルに日本を打ち出すために「JAPANESE WAGYU」のよう

図表4－13　牛肉・鶏肉の誕生年

| | 誕生年 | | 誕生年 | | 誕生年 |
|---|---|---|---|---|---|
| 千屋牛 | 1835 | 豊後牛 | 1921 | 大和肉鶏 | 1974 |
| 近江牛 | 1848 | とやま牛 | 1930 | 上州牛 | 1976 |
| 三田牛 | 1867 | 能登牛 | 1934 | みえ豚 | 1982 |
| 三田肉 | 1867 | しまね和牛 | 1955 | 但馬ビーフ | 1983 |
| 米沢牛 | 1871 | いわて牛 | 1957 | 佐賀産和牛 | 1984 |
| 松阪肉 | 1874 | いわて短角和牛 | 1957 | みやざき地頭鶏 | 1985 |
| 松阪牛 | 1874 | 東伯牛 | 1966 | 伊勢赤どり | 1986 |
| 神戸ビーフ | 1890 | 東伯和牛 | 1966 | 京都肉 | 1986 |
| 神戸牛 | 1890 | 宮崎牛 | 1971 | 飛騨牛 | 1987 |
| 神戸肉 | 1890 | 十勝和牛 | 1973 | 石垣牛 | 1987 |
| 但馬牛 | 1918 | 比内地鶏 | 1973 | 宮崎ハーブ牛 | 2001 |
| 名古屋コーチン | 1919 | 仙台黒毛和牛 | 1974 | | |
| 天草黒牛 | 1921 | 仙台牛 | 1974 | | |

（注）　秋田由利牛、淡路ビーフ、鹿児島黒牛などは誕生した時期が不明だった。
（出典）　各ウェブサイトより検索。生越研究室ゼミ生作成

に「日本」を表す言葉を重ねるか、和牛を使わずに「JAPANESE BEEF」とリブランディングしたほうがよいかもしれない。

　その際、GIを有効活用しよう。外国の消費者が迷わないように、「日本の牛肉はGIマークをみれば分かる」という体制にしてほしい。

図表4－14　神戸ビーフのGICL分析

| GIのチェック要素 | 4P分析の要素 | | | | 企業戦略・競合関係 | 需要条件 | 関連産業・支援産業 | | |
|---|---|---|---|---|---|---|---|---|---|
| | 商品 | 価格 | 流通 | 販促 | | | | 土壌 | 気候 |
| 神戸ビーフ | ○ | ○ | ○ | ○ | ○ | ○ | ○ | ○ | ○ |
| 備考 | 神戸ビーフの定義を明確に。「神戸肉之証」を発行し証明 | 日本の牛肉の消費流通量の約0.2%未満という稀少さも高価なものになる要因 | 神戸肉流通推進協議会は、2007年に地域団体商標登録を行い、繁殖農家を含む生産農家から販売先まで、すべて指定登録制にした | 卸売店、小売店、飲食店での会員証・指定証・ブロンズ像の掲示 | 兵庫県産但馬牛ばかりが100頭集まる共励会を実施、販売店および生産者を指定 | 米国のオバマ大統領が、2009年の来日時に神戸ビーフを食べたいとオーダーしたという有名な話など | 卸売店、小売店、飲食店で、店頭での会員証・指定証・ブロンズ像の掲示 | 水も大変重要であり、肥育牧場が水のきれいな地区に多いのはそのため | 日本海に面し、平野が少ない兵庫県北部の山地・但馬地方。昼と夜の気温差が大きく、夜露が降りる地方で育つ柔らかい牧草とミネラル分豊富な水 |

（注）　日本のGIのウェブサイトでは、ダントツトップの内容といえよう。これか
（出典）　神戸ビーフ・神戸肉流通推進協議会ウェブサイト（https://www.kobe-

| ダイヤモンドモデルの4要素 | | | | | | | | | 多言語化 |
|---|---|---|---|---|---|---|---|---|---|
| 要因（インプット）条件（Linkの要素を含む） | | | | | | | | | |
| 天然資源 | | 品種 | 人的資源・ノウハウ等の人的要素 | 資本 | 物理インフラ | 経営インフラ | 情報インフラ・社会的評価の説明 | 科学テクノロジー面のインフラ | |
| 地域特性 | 地域産の特別の餌 | | | | | | | | |
| ○ | ○ | ○ | ○ | ○ | ○ | ○ | ○ | ○ | ○ |
| 1868年に国際港として海外に門戸を開いた神戸で、初めて但馬牛を食べたのは英国人だった | 稲わらなどの乾牧草に加え、栄養に配慮した配合飼料。生草は食べさせない。水も大変重要 | 「和牛」は「黒毛和種」「褐毛和種」「日本短角種」「無角種」の品種があり、但馬牛・神戸ビーフは黒毛和種 | 牛たちを育てる農家の努力をたたえる最大のステージが「共励会」 | 国内で7件の商標登録、海外14カ国・地域で商標登録、GI登録 | 年間約7,000頭程度が出荷され但馬牛として認定され、そのうち約5,500頭が神戸ビーフに認定 | 1983年、生産者・食肉流通業界・消費者が協力して神戸肉流通推進協議会が設立 | 但馬牛血統照明システム | 認定食肉センターから採取された但馬牛の肉片を和牛マスター食肉センター内に開設された施設で保管・管理、DNA管理番号を保管・トレース可能 | 3言語<br>日本語<br>英語<br>中国語 |

らウェブサイトの作成を検討する組合の関係者には、是非、みてほしい。

niku.jp/top.html）を基に筆者作成

# 事例2：十勝川西長いも

## ①　十勝川西長いも（登録番号第21号）<sup>6</sup>

とても美味しい長芋である。台湾、シンガポール、米国で売れている。台湾の方は、摺り下ろして砂糖を入れて薬膳ジュースとして大量に飲むそうだ。すでにGI登録されているので、組合で確認しなければならない事項やルールはほぼ決まっているようだ。

「十勝川西長いも」は長さが短いとっくり形で、肌・肉質ともに外観が白く褐変しにくいのが特徴であり、また、歯ごたえや食感がよく、トロロにしたときの粘りも強い。

種いもは基本種を網室による隔離栽培を繰り返すことによって、発現される品種特性を守り続けている。また、6年の歳月をかけて増殖するとと

十勝川西長いも

（出典）　農林水産省（https://www.maff.go.jp/j/shokusan/gi_act/register/21.html）

---

6　農林水産省ウェブサイト（https://www.maff.go.jp/j/shokusan/gi_act/register/21.html）

もに、罹病株の抜き取りを行うことで、ウィルス病の撲滅に全力をあげている。

　台湾への輸出は1999年から安定供給しており、地場産のものより色が白く美味であることが現地の富裕層を中心に高い評価を受けているほか、米国、シンガポールでは薬膳の食材として人気があり、輸出も増えている。

　商標登録をしているが、商標権者に了解を得て、GI登録を行った事例である。商標権者は「帯広市川西農業協同組合」である。GI登録の際、生産者団体の「十勝川西長いも運営協議会」は商標権者に了解を得なければならない。両者の関係が良好であることが重要だ。

## ②　JA帯広かわにしのウェブサイト

　このサイトは、十勝川西長いもだけでなく、帯広の美味しい野菜や肉も紹介されている。

　十勝川西長いものページでは、長いもの紹介、地域団体商標やGIを取得したこと、作物の生育過程の情報がある。

　これらに加えて、「HACCP認証の取得」「SQF（Safe Quallity Food）認証の取得」などは先駆的だと思う。

　十勝川西長いもは、科学的なデータに支えられた「超ブランド野菜」だと判明した。以下、ウェブサイトから転載させていただく。

・「十勝川西長いも」とは

---

　北海道十勝の肥沃な大地で育った「十勝川西長いも」。昼夜の寒暖差がきめ細かく真っ白な肉質と粘りのある長いもを育ててくれます。「十勝川西長いも」は現在、JA帯広かわにし、JAめむろ、JA中札内村、JAあしょろ、JA浦幌町、JA新得町、JA十勝清水町、JA十勝池田町、JA鹿追町、JA豊頃町の10JAで生産。春に植え付け秋に収穫する「秋掘」と、長いもを土の中で越冬させ翌年の春に収穫する「春掘」があり、それらを周年で全国各地に出荷させていただいていま

---

## JA帯広かわにしのウェブサイト

（出典）　https://www.jaobihirokawanisi.or.jp/products/yam/

す。

・HACCP認証の取得

　2008（平成20）年３月、十勝川西長いもの選果場がHACCPの認証を取得しました。食品衛生管理の国際的認証制度であるHACCPの認証を野菜の選果場が取得したことは、世界でも前例のないことでありました。

・SQF（Safe Quallity Food）認証の取得

> 2017（平成29）年4月、十勝川西長いも洗浄選別施設がSQF認証を取得しました。SQF認証とは安全で高品質な食品であることを示す国際規格であり、審査基準は世界最高水準であります。農協の施設だけではなく、個別農家まで必要な衛生管理を徹底していることが求められます。

### ③　海外販路拡大のポイント

地域8農協で広域産地を形成し、年間安定供給体制を構築したことと、HACCP認証（選果場）を取得し、さらなる「安心安全」を訴求したことは素晴らしい（図表4－15参照）。

しかしながら、②の「JA帯広かわにしのウェブサイト」には輸出量が着実に増えていることや輸出額についての情報が見当たらないのは惜しい。中国などで模倣品が販売されたことがGI取得の契機だったという。違法なGIマーク使用についてはそれが海外でも日本の農林水産省が対応してくれるので、良い判断だと思う。

### ④　多数の賞を受賞

2006年度には海外の産地情報を把握したグローバルな視点から生産販売戦略を構築し、海外産地に負けない産地作りに取り組んでいること、消費者が求める信頼できる農産物作りに努力していること、さらに地域の立地条件や資源を巧みに活用した産地作りや農産物作りを展開していることが評価され「第36回日本農業賞大賞」を受賞した。

2007年度には良質な長いも生産のため土作りなどの基本技術の励行を徹底するとともに、種芋の選抜確保の技術確立や市場や消費者ニーズに対応するため通常秋に収穫する長いもを越冬させ、春に収穫することで通年出

図表 4 − 15　農林水産省──海外販路拡大の例

北海道　十勝川西長いも運営協議会（長いもを台湾、アメリカ等へ）

高品質で安全・安心な十勝の長いもが、台湾・アメリカ等で好評
　　　　　　【輸出量】　【輸出額】
平成22年産　1,644トン　384,639千円
平成23年産　1,908トン　658,124千円
平成24年産　3,090トン　922,678千円

【イノベーションのポイント】
・地域8農協で広域産地を形成し、年間安定供給体制を構築。
・HACCP認証（選果場）を取得し、更なる「安全・安心」を訴求。

HACCP認証で
「安全・安心」をPR

【イノベーションの効果】
　輸出による太物の大口需要先を確保したことで、豊作年の国内価格の下落を抑止することができ、販売の安定化に寄与。また、同協議会参加農協が生産するゆり根やつくねいも等を、定期の長いも輸送用コンテナに混載することで、物流コストを抑えた小ロット輸出を実現。
【今後の展望】
　十勝川西長いもの販売ルートを基軸に、海外で物産展を開催し、十勝地域の農畜産物等の新たな販路開拓を目指す。

「十勝川西長いも」（右）
と台湾産長いもの比較

【ウェブサイト】http://www.jaobihirokawanisi.jp/
【事業者の連絡先】tel.0155-59-2241

（出典）　農林水産省資料（https://www.maff.go.jp/j/shokusan/export/torikumi_zirei/pdf/25_jirei003_sasikae.pdf）から転載

荷を実現したことなどが評価され、（第46回）農林水産祭「天皇杯」を受賞した。

　2013年に第67回北海道新聞文化賞、2015年に 6 次産業化優良事例食料産業局長賞を受賞した。

　しかしながら、②の「JA帯広かわにしのウェブサイト」には受賞情報は見当たらなかった。

十勝川西長いもシフォン（クリスマス用）

株式会社六花亭提供

## ⑤　十勝川西長いもシフォン（クリスマス）[7]

帯広のお菓子屋さんの六花亭がクリスマス用に販売している。生地に十勝の名産品・川西産長いもを使い、しっとりふんわり焼き上げた、ドライフルーツがたっぷり入ったシフォンケーキである。クリスマスケーキのスポンジにも利用できる。

しかしながら、②のウェブサイトからは辿れないのは残念だ。

## ⑥　登録生産者団体：十勝川西長いも運営協議会のウェブサイト[8]

現在、十勝川西長いも運営協議会のウェブサイトが見当たらない。まだ制作されていないのかもしれないが、是非、グローバルに発信するウェブ

7　株式会社六花亭ウェブサイト（https://www.rokkatei-eshop.com/store/ProductDetail.aspx?pcd=10714）

8　農林水産省ウェブサイト（https://www.maff.go.jp/j/shokusan/gi_act/register/21.html）

図表 4 − 16　野菜・米・花の誕生年

| | 誕生年 | | 誕生年 | | 誕生年 | | 誕生年 |
|---|---|---|---|---|---|---|---|
| 越前水仙 | 1200 | 祖父江ぎんなん | 1900 | 大正メークイン | 1948 | 大正長いも | 1975 |
| 京の伝統野菜 | 1200 | 福山のくわい | 1902 | やはたいも | 1949 | 白神山うど | 1979 |
| 結崎ネブカ | 1500 | 嬬恋高原キャベツ | 1910 | 渭東ねぎ | 1951 | なると金時 | 1979 |
| 泉州水なす | 1600 | 平群の小菊（へぐり） | 1910 | 嶽きみ | 1955 | 中島菜 | 1980 |
| 加賀れんこん | 1660 | めむろメークイン | 1918 | 飛騨ほうれんそう | 1961 | 西条の七草 | 1980 |
| 平田赤ねぎ | 1680 | 能登大納言 | 1930 | 南郷トマト | 1962 | 合馬たけのこ | 1987 |
| 沢野ごぼう | 1700 | 万願寺甘とう | 1930 | 飛騨トマト | 1965 | めむろごぼう | 1988 |
| 厚保くり | 1750 | 紀州うすい | 1930 | たっこにんにく | 1966 | 博多なす | 1988 |
| 黒部米 | 1868 | 加賀太きゅうり | 1936 | 三島馬鈴薯 | 1970 | 東川米 | 1996 |
| 矢切ねぎ | 1870 | 東条産山田錦 | 1936 | 徳谷トマト | 1970 | 博多蕾菜 | 2005 |
| 淡路島たまねぎ | 1888 | 丹波篠山黒豆 | 1941 | 知覧紅（べに） | 1972 | | |
| 八街産落花生 | 1896 | 加賀野菜 | 1945 | 十勝川西長いも | 1974 | | |

（注）　大正だいこん、安房菜の花、新潟茶豆、京都米、鳴門らっきょ、阿波山田
　　　　錦は誕生した時期が不明だったため表記しない。
（出典）　各ウェブサイトより検索。生越研究室ゼミ生作成

サイトを制作してほしい。

　十勝川西長いもの専用ウェブサイトがないと、情報がバラバラで、国内にも海外にもアピールができない。本当にもったいないと思うが、日本のGIではよくあるケースである。すでに、海外販路を持っているので多言語化も必要だろう。

　ウェブサイトの制作や運営は大変であろう。しかし、これらは若者の仕事といえる。帯広に若者の仕事を増やそう。Uターン・Iターン就職に活用されたらよい。

　海外に販路を持つ、GI野菜のトップリーダーでいてほしい。図表4－16の野菜たちが「十勝川西長いも」の後を追いかけられるとよいと思う。なお、このGICL分析については生産者団体のウェブサイトがないので省略する。

## ▌事例3：鹿児島の壺造り黒酢

### ①　鹿児島の壺造り黒酢（登録番号第7号）

　鹿児島県霧島市福山町および隼人町の地域では江戸時代から「酢」造りが発祥し、戦前は家内工業的な小規模だが24の醸造所があった。戦争が始まると原料の米がなくなり、酢を造ることはできなくなった。このため「醸造酢」ではなく、「合成酢」が出回り、次々と廃業していった。

　戦後、物資も原料も手に入るようになってから、酢造りに復帰する者、新規参入で酢造りを始める者が出てきた。現在の福山町界隈では9社が酢造りを行うようになった。このような歴史的経緯を経て、「鹿児島の壺造り黒酢」は、米麹と蒸米、地下水のみで仕込まれ、壺のなかでじっくりと1年以上も寝かせて発酵熟成を促し、黒っぽい琥珀色に色づいた天然米酢を指すものとされ、他の酢と区別されるようになった（図表4－17）。

　この鹿児島の壺造り黒酢は中国の「香酢」と全く異なる。黒酢の製法は

図表 4 −17　食酢品質表示基準による食酢分類

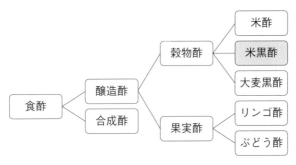

（出典）　筆者作成

後述するが、日本独特のものである。中国の香酢は原料が「餅米」で、「固体発酵」といって、籾殻（もみがら）を使って固体で発酵させる独特な製法である。できあがった酢に塩や砂糖を入れて煮詰める場合もあるため、色が黒く味の濃いものができあがる。この中国の香酢は醤油のような感覚で使われることが多く、朝はお粥にかけて食べたりするので、日本の酢や黒酢とは全く別物の調味料であるといえる。

## ②　壺造り黒酢とは

　元々、「黒酢」というものが存在したわけではない。江戸時代後期の1820（文政３）年、竹之下松兵衛が薩摩藩の福山の地で「酢」造りを始めたことに端を発し、近年までに「鹿児島の壺造り黒酢」として進化した。1975年に坂元醸造株式会社の現会長の坂元昭夫が「黒酢（くろず）」と命名した。

　この地域（鹿児島県霧島市福山町一帯）は、三方を丘に囲まれ、南向きの斜面に位置している。このため昔から気候がとても温暖な地域で、年間の平均気温は18.7℃である。この気温は黒酢の発酵に適した土地柄である。

また三方を囲む丘は、約2万5,000年前にできた姶良カルデラ壁で、この中腹に蓄えられた豊富な水は、薩摩藩時代から「廻（めぐり）の水」と呼ばれ、藩内随一の地下水として折り紙つきのものだった。この地下水は薩摩藩の時代は島津のお殿様に献上されていたほどだった。このシラス層にろ過された良質で豊富な水が酢の「仕込み水」として適していた。

　さらに鹿児島湾には港があり、福山町は藩への年貢米の集散地であったため原料の「米」が入手しやすかった。例えば、大隅や都城でとれた米も福山が集積地となって鹿児島に向けて運んでいた。今の鹿児島市と福山町の間を大きな帆掛舟でさまざまな物資を運んでいたのである。

　他方、今の鹿児島市で製造された「薩摩焼の壺」も福山に集められていた。この壺が簡単に手に入ったことも黒酢の生産につながった。

　つまり、この地域は酢を造るために必要な発酵に最適の気候風土、きれいな水、米、壺が入手しやすかったのである。そして、この地域に生息している微生物。これらが集合して、世界でも珍しい壺造り黒酢を誕生させ

鹿児島の壺造り黒酢

坂元醸造株式会社提供

ることになった。

　前述したとおり、戦前には24軒の醸造所があったが、「米」が統制品となり原料入手の困難や安価な「合成酢」に押されて、多くの同業者が廃業した。このような状況のなか、「坂元醸造」１社が酢造りを止めなかった。当時会長だった４代目の坂元海蔵が原料を「米」から「薩摩芋」に変えて伝統製法である「壺で造る酢造りの技術」を伝承し続けた。

　現在、調味料として黒酢は欠かせないものとなっている。また大手企業が健康食品の素材として鹿児島の壺造り黒酢を採用したように、美味しさや健康効果も解明されつつある。１年半以上の長期の熟成により、黒酢には旨味成分のアミノ酸が一般の酢よりも多く含まれ、特有の香味やコクを引き出している。主成分の酢酸のほかにも麹菌や乳酸菌の作用で多くの栄養分が溶け出し、調味料としてだけでなく健康ドリンクとしても注目を集めている。品質管理については、JAS規格に準じるほか、独自の厳しい

坂元醸造の壺畑

坂元醸造株式会社提供

霧島市の地図

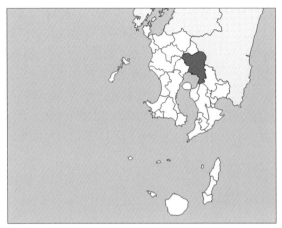

（出典）　https://d-maps.com/pays.php?num_pay=521&lang
=frより、着色は筆者

規格基準を設けるに加え、独自の設備で微生物検査を実施している。安心
安全面にも十分な注力に努めている。

　現在、後述するとおり、「本場の本物」「地域団体商標」「地理的表示保
護制度」「ふるさと認証食品（つぼづくり米黒酢）」などの各種制度を活用
してブランド構築に努力している。

## ③　鹿児島の壺造り黒酢の醸造方法[9、10、11、12]

　黒酢の醸造方法は「壺仕込み」と呼ばれる。温暖な気候と風土を条件と
して１年半以上もの長い月日をかけて静置・熟成発酵を行う伝統的な手法

9　坂元醸造株式会社（http://www.kurozu.co.jp/concept/seiho1/）
10　くろず屋ウェブサイト（http://www.kurozuya.co.jp/knowledge/product.
　html）
11　福山酢ウェブサイト（http://fukuyamasu.co.jp/guide/flow.html）
12　サントリーウェブサイト（http://www.suntory-kenko.com/contents/
　brands/kurozu-ninniku/kurozu/shokunin.aspx）

であり、世界でも類をみない発酵法である。何が珍しいのか。実は、１つの壺のなかで３種類の発酵法（糖化・アルコール・酢酸）を同時に行っているのだ。このため、原料の玄米100％を酢に転化でき、成分が逃げないという特質がある。

黒酢の仕込みは、春（４月〜６月頃）と秋（９月〜10月頃）の穏やかな季節に２回行っている。仕込み終えた壺は日当たりのよい場所に並べて置かれ、日中は南国の太陽に照らされて壺の上部は手が触れられないほど熱くなり、下部に行くに従って温度が低くなっていく。この自然を見事に活用している。

### a 原　料

黒酢の原料は「蒸し米」「米麹（こめこうじ）」「地下水」の３つだけである。米麹は、味噌や醤油と同じ「黄麹（きこうじ）」を使っている。壺のなかに、混ぜ麹、蒸し米、地下水の順番で原料を入れ、最後に水面を振り麹で覆う。この振り麹の作業は、熟練した職人の手によって１本１本行われる。

### b 麹 造 り

黒酢はまず「米麹造り」から始まる。最大のポイントであり、「麹を寝かせる２・３日で酢のすべてが決定してしまう」といわれるほどである。この製法は秘伝（営業秘密）である。受け継がれた経験とカン、麹の息遣いを聞き取り、温度調整に全神経を集中した作業が続く。

この壺による醸造法で、黒酢１ℓに対して180ｇ以上の玄米を使う。酒でいえば、原酒に相当する純粋の食酢であるため、国税局の免許が必要である。

### c 仕 込 み

壺畑に並べられた壺に仕込みを行う。壺の内壁には黒酢造りに欠かせない「微生物」が棲み着いている。この微生物はこの地域にしか存在しないという。また、江戸時代から使われている薩摩焼の壺を今でも仕込みに使っている。

図表 4 − 18　仕込み段階

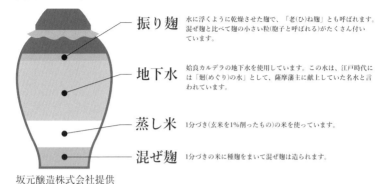

**振り麹**　水に浮くように乾燥させた麹で、「老(ひ)ね麹」とも呼ばれます。混ぜ麹と比べて麹の小さい粒(胞子と呼ばれる)がたくさん付いています。

**地下水**　姶良カルデラの地下水を使用しています。この水は、江戸時代には「麹(めぐり)の水」として、薩摩藩主に献上していた名水と言われています。

**蒸し米**　1分づき(玄米を1%削ったもの)の米を使っています。

**混ぜ麹**　1分づきの米に種麹をまいて混ぜ麹は造られます。

坂元醸造株式会社提供

　できあがった米麹を、九分突きの蒸した純玄米と、さらに水と一緒に壺に仕込み振り麹といわれる乾燥した米麹を表面に振りかける。振り麹が水面を均一に覆っている状態で、最後に壺の口を紙で覆い、陶製の蓋をして仕込みは完了する（図表 4 − 18）。

### d　発酵段階

　黒酢は１つの壺のなかで、糖化、アルコール発酵、酢酸発酵が自然に進行するという珍しい発酵過程である。なぜこのようなことが起こるのかは学術的にまだ解明されてない部分も多い。

　仕込みから40日間ほど寝かせると、その頃には液体の表面に酢酸菌の白い膜（酢酸菌膜）ができる。３日から１週間に１度の割合で、その酢酸菌膜を攪拌しながら酢の育ち具合をみるが、それぞれの壺の厚みや置き場所などによっても育ち具合が異なる。この膜を常に活性化させるために、醸造技師たちは攪拌を何度も繰り返すことで育ち具合を図り、コントロールする。 この膜によって、アルコールの発散防止や雑菌の侵入を防いでいる。

〈糖化〉

　仕込み直後から、米麹が蒸し米のでんぷんを分解してブドウ糖を作る。

図表 4 −19　発酵段階

坂元醸造株式会社提供

〈アルコール発酵〉

　ブドウ糖が酵母の働きによってアルコールへと変わる。この発酵は糖化と並行して進み、仕込みから 1 〜 2 カ月ほどかかる。

〈酢酸発酵〉

　アルコールができると振り麹が自然と液中に沈み、酢酸菌の働きによって、アルコールが酢の主成分である酢酸へと変わる。この発酵は仕込みから半年ほどかかる。

### e　熟成段階

　酢酸発酵が終了すると、「つぼ寄せ」という作業を行う。約 4 本分の壺の原酢を 1 つ 1 つ丁寧に約 3 本の壺に移し替えることにより、液面は壺の口付近に位置するようになる。この壺寄せを行った状態で、さらに半年〜 3 年ほど壺のなかで熟成させる。

　黒酢の独特な風味と香りは、この熟成期間中に生まれる。熟成することで少しずつ色づき、黒酢となる。熟成期間が長くなることで液色が濃くなっていく。

　発酵が終わったときの黒酢は、食酢特有の刺激が強く、液の色は薄黄色

図表 4 −20　熟成段階

くろず

くろず
もろみ

坂元醸造株式会社提供

である。熟成させることによって酢は琥珀色に変化していく。熟成期間は6カ月以上かかり、醸造技師たちは酢の熟成を促すために、竹の枝で上澄み液を攪拌する。この作業は江戸時代から続く伝統的な技法である。

　熟成期間が長いほど、上澄み液は澄んでいき、液の色は濃厚な琥珀色になる。味覚面でも、まろやかさが増し、コクのある芳醇な香味が醸成される。

**f　最終段階**

　その後、黒酢は、圧搾、ろ過、殺菌、さらにろ過、殺菌の工程を経て、最後にボトリング作業を経て、「純玄米黒酢」が誕生する。

## ④　GI制度[13]

　「鹿児島の壺造り黒酢（カゴシマノツボヅクリクロズ）」は2015年 6 月 1 日に地理的表示保護制度に出願し、同年12月22日に「登録番号第 7 号」と

---

13　農林水産省ウェブサイト（http://www.maff.go.jp/j/shokusan/gi_act/register/7.html）

地理的表示保護制度のマーク
鹿児島の壺造り黒酢

農林水産大臣登録第7号

坂元醸造株式会社提供
（参照）　https://www.maff.go.jp/j/
　　　　　shokusan/gi_act/gi_mark/
　　　　　index.html

して保護された。日本の地理的表示保護制度で最初に保護されたグループ
に属する。

　登録生産者団体の名称は「鹿児島県天然つぼづくり米酢協議会」であ
り、特定農林水産物等の区分は「第27類調味料及びスープ類その他醸造酢
（米黒酢）」である。特定農林水産物等の生産地は、「鹿児島県霧島市福山
町及び隼人町」となっている。どのように特性などを説明しているのかを
みてみよう。

a　**特定農林水産物等の特性**（下線、太字は筆者）

　江戸時代から鹿児島県霧島市福山町において、壺を使用して米を原
料にした食酢が屋外で醸造されている。この食酢は熟成期間を経るに
つれ、琥珀色に色が付いてくるので、「鹿児島の壺造り黒酢」（以下黒
酢と記載）と呼ばれている。鹿児島県霧島市福山町が、昔からの伝統
的製法による黒酢の発祥地であり、鹿児島を代表する歴史ある食品で

図表 4 −21　登録の公示

| 登録番号 | 第 7 号 |
|---|---|
| 登録年月日 | 2015年12月22日 |
| 登録の申請の番号 | 第 6 号 |
| 登録の申請の年月日 | 2015年 6 月 1 日 |
| 登録生産者団体の名称 | 鹿児島県天然つぼづくり米酢協議会 |
| 登録生産者団体の住所 | 鹿児島県鹿児島市上之園町21番地15 |
| 登録生産者団体の代表者の氏名 | 会長 坂元 昭宏 |
| 登録生産者団体のウェブサイトのアドレス | — |
| 特定農林水産物等の区分 | 第27類調味料及びスープ類その他醸造酢（米黒酢） |
| 特定農林水産物等の名称 | 鹿児島の壺造り黒酢（カゴシマノツボヅクリクロズ） |
| 特定農林水産物等の生産地 | 鹿児島県霧島市福山町および隼人町 |

（出典）　農林水産省ウェブサイト（2017年 3 月27日更新）を基に筆者作成

　ある。この黒酢の生産地は、錦江湾の東北に位置している。北東に牧之原台地を背負って錦江湾に臨み、気候としては冬季に北風が当たらず降霜の少ない温暖な地域である。福山町郷土史には、昭和27年の年平均気温が18.7℃と記され、年平均気温が比較的高いことが分かる。屋外に並べた壺を使って、仕込み醗酵するという独特な製法でできた黒酢は、同一の容器の中で、糖化、アルコール醗酵、酢酸醗酵に 6 ヶ月以上を要し、さらに熟成に 6 ヶ月以上を要する世界的に見ても珍しいものである。熟成後の黒酢の色は、褐色から黒褐色を帯びている。特有の香りとまろやかな酸味は長期熟成により生まれるとされている。一般的な米酢は、主成分の酢酸のほかに乳酸、ピログルタミン

酸、グルコン酸やコハク酸などの有機酸を含んでいる。<u>黒酢中にはピログルタミン酸が60mg/100mℓ前後含まれるため</u>、濃厚な酸味となり、また<u>乳酸を約0.2%含んでおり</u>、酸味に清涼感を与え、残味がさっぱりとしたものになっている。呈味（旨み）成分としては、アミノ酸やペプチドなどがあり、<u>黒酢中のアミノ酸含有量は比較的高く、500mg/100mℓ前後</u>である。これらの成分が多い理由は、一般の米酢に比べて、使用する米の量が多いこと、米の精米歩合が高いこと、醸酵・熟成期間が長いことに起因すると考えられる。米の使用量は、農林水産物等の生産の方法で後述するが、<u>一般の米酢に比べて約5倍</u>である。

下線を付したように、歴史的な証明と科学的な証明の両者が重要である。地理的表示保護制度の出願時には地域の歴史書の確認と研究機関と共同でデータの取得などが必要であることが分かる。

b　特定農林水産物等の生産の方法

黒酢の生産の方法は、以下のとおりである。

(1)　原料

原料には、うるち種の玄米又はうるち種の精米歩合の高い米（<u>玄米のぬか層の全部を取り除いて精白したものを除く＝精米歩合91％以上</u>）を用いる。（以下米と記載）

(2)　生産の方法

黒酢の最大の特徴は、その生産の方法（仕込み方法）にある。

まず、鹿児島県産（又は国産）の米を洗浄、蒸煮、冷却し、種麹を撒いて米麹を造る。<u>種麹には、黄麹菌を用い</u>、<u>製麹（麹を造ること）には3〜4日を要する</u>。次に米を蒸して蒸し米を造り、屋外に並べた陶器の壺に、米麹と蒸し米と水を順に入れて混合する。最後に振り麹と呼ばれる米麹を液面に撒く。この振り麹も米を洗浄、蒸煮、冷却

し、種麹を撒いて3〜4日かけて製麹するが、出麹（麹が出来上がり製麹室からとり出す操作）後、屋内で数日間乾燥させ胞子の多くついた麹とする。振り麹後、壺の口を紙で覆い雨よけの蓋をして仕込み作業は終了する。仕込みから6ヶ月以上の醗酵、さらに6ヶ月以上の熟成を経て製品になる。この製法は同一容器の中で、糖化、アルコール醗酵、酢酸醗酵の三つの工程が自然に進行する製法であり、世界的に見ても珍しいものである。仕込みから1年以上経過したものを収穫して、ろ過、殺菌、瓶詰を行い、製品となる。米の使用量は黒酢1ℓにつき180ｇ〜250ｇ未満である。一例を示すと、米麹約3.5kg、蒸し米約6.0kg、振り麹約0.5kg（合計で米の使用量が約10kg）、水約35ℓで仕込み、1年後の最終酸度が6％で、加水して酸度を4.2%とした場合の米の使用量は黒酢1ℓにつき約200ｇ（10kg÷35ℓ×【4.2%÷6.0%】＝0.20kg）である。米は原則として鹿児島県産米を使用するが、冷夏や日照不足により鹿児島県及び国内の米の作況指数が低いなど、米流通の関係で鹿児島県産米が不足する場合があるので、その場合は国内産米を使用することにしている。

　仕込みに用いる壺は、胴径約40cm、高さ約62cm、口径約14cmで容量は3斗（54ℓ）である。

⑶　出荷規格

　黒酢の色は醗酵及び熟成によって褐色又は黒褐色に着色したものであり、醗酵の過程でつくられる米に由来する各種のアミノ酸（アミノ酸含有量は500mg/100mℓ前後）や有機酸（酢酸以外の有機酸量が0.2〜0.3%）等を豊富に含み、かつ以下の品質基準（出荷規格）を満たすこと。

1)　全窒素として0.12%以上含まれること

2)　全窒素の中で、ホルモール窒素の含量割合が50%以上であること

3)　しょうゆ試験法において、直接還元糖が0.30%以下であること

4)　着色度が0.30以上であること

上記の出荷規格1)については、黒酢の成分の特徴として、窒素分が多く、醸造酢の日本農林規格を満たしていること。2)については、黒酢中の、全窒素に占めるアミノ酸の割合が長期熟成により多くなること。3)については、黒酢中にほとんど直接還元糖が残っていないこと。4)についても、1)同様、醸造酢の日本農林規格を満たしていること。を意味している。

⑷　最終製品としての形態

　黒酢の最終製品としての形態は、その他醸造酢（米黒酢）である。

　これだけの数値を表示するためには、大学や研究所との共同研究が課題である。今後、地理的表示保護制度の登録件数を増やすためには、科学的な分析をサポートする体制の構築が課題と思われる。

### c　特定農林水産物等の特性がその生産地に主として帰せられるものであることの理由

　壺を使ったこの製法は、<u>江戸時代の後期に始まったとされている。</u>

1)　年間の平均気温が18.7℃と醱酵に適した土地柄であること。

　福山町郷土史に昭和27年の気温が紹介されている。年平均気温は18.7℃で、比較的高いことが分かる。生産地は山に三方を囲まれ、残る一方は海に面した平地だからであり、一年を通して暖かい。その上もう一つの気温の特徴がある。それは各月の高極・低極（一日間の毎日の最高・最低気温の中で一番高い（低い）気温）の気温の開きが小さいことである。福山町は春季で7～11.2℃、秋季で14.3～14.5℃を示す。高極・低極の開きが小さいことは、過熱・過冷を防ぐので、微生物の生育には好都合で、黒酢に恵まれた気温の下にある。

2)　原料米の精米歩合が高く、<u>一般の米酢に比べ、米の使用量が多いこと。</u>

　それゆえ、ピログルタミン酸含量やアミノ酸含量が比較的高い。

3) 黒酢の製造に欠くことのできない薩摩焼の壺が入手できたこと。

　仕込みに用いる壺は、生産当初より、胴径40cm、高さ62cm、口径14cmで容量は3斗（54ℓ）であり、この形状は現在も変わっていない。現在残っている古い壺は苗代川（鹿児島県日置市東市来町）で焼かれたものであり、苗代川は薩摩焼の代表的な窯場の一つである。黒酢の製造が始まった1800年代初期には、この壺は薩摩で日常の食用の壺として焼かれていたことが判明しており、黒酢造りにあたって、仕込みや醗酵に適した壺を手近に得られたのである。

　以上、1)～3)により誕生、発展したと考えられている。

　非常に詳細に書いてある事例だと思う。他の認証を取得するときの資料が生きているのかと想像している。

　歴史的な証明は歴史などの研究者の協力を得ることが不可欠だ。今後、GI制度の登録件数を増やすためには、調査をサポートする体制の構築が必要だ。

## ⑤　6次産業化[14、15]

　鹿児島県の福山町近隣には、複数の黒酢レストランが誕生している。観光客は本場の黒酢を用いた料理を賞味するために鹿児島へ訪れている。

### a　日本初の黒酢レストラン「梢志田」

　2005（平成17）年10月1日、従来の黒酢醸造に対するイメージに縛られず、さらに進化した黒酢文化を発信すべく、壺畑見学・黒酢レストラン・黒酢直売の3つを融合した"食と健康をつなぐ"日本初の黒酢レストランとしてオープンした。原料はすべて有機玄米を使用し、3年以上の長期熟成を経て、D-アミノ酸が豊富な黒酢を使用している。

---

14　壺畑レストラン&情報館ウェブサイト（http://www.tsubobatake.jp）
15　日本初の黒酢レストラン（https://kurozurestaurant.com）

2015（平成27）年6月28日新館オープンを機に、名称を黒酢レストラン「黒酢の郷　桷志田」とし、"食を楽しむ、食を通じて学べる、食を通じて健康になれる"など充実したレストランとして生まれ変わった。

**b　坂元のくろず「壺畑」情報館**

　坂元醸造株式会社が黒酢の歴史や製法などについて見学施設を設けている。黒酢をはじめとして、黒酢加工品の試飲・試食、お買い物もできる。

**c　坂元のくろず「壺畑」レストラン**

　伝統的製法で造られた黒酢をふんだんに使用した中華料理を楽しみながら、壺畑や桜島を眺めることができる。多数の壺が一面に並ぶ壺畑が圧巻である。

## ⑥　鹿児島県天然つぼづくり米酢協議会

　黒酢は約200年の歴史がある。江戸時代、竹之下松兵衛は念願の黒酢造りに成功し、松兵衛の努力は実って黒酢造りは確立した。第二次世界大戦前には、福山町には24軒の家内工業的なメーカーがあり、旧薩摩藩の需要を100％賄っていたが、世界大戦前後を通じて1社を除いて廃業した時代があった。戦後復帰する業者も出たが合成酢との争いがあった。

　ところが、昭和40年頃から自然食品を希求する声が高まり、「黒酢」が見直されてきた。徐々に業者の数も増えて、現在は鹿児島県霧島市福山町および隼人町において製造している。昭和58年には、「福山町米酢協議会」を組織して品質の向上を図ってきた。平成2年には、「福山町米酢協議会」を発展的に解消し、鹿児島県レベルでの「鹿児島県天然つぼづくり米酢協議会」を組織した。

　「本場の本物」では第1号として保護され[16]、「ふるさと認証マーク」も取得している。戦時中の努力を踏まえ、高度成長期には消費者が本物志向

---

16　本場の本物ウェブサイト（https://honbamon.com/product/02-kagoshima-kurozu/index.html）

となるまで地道に黒酢を造り続け、21世紀の今、農林水産物のブランド形成をリードしている。黒酢のレストランで鹿児島への観光誘客も図っている。鹿児島の黒酢のブランド形成方法は、これからの日本の農林水産物のブランド形成の手本となると考える。

　現在、「鹿児島県天然つぼづくり米酢協議会」に加盟している企業は8社あり、全社が企業のウェブサイトを持っている。GI登録からしばらく経つが、鹿児島県天然つぼづくり米酢協議会としてのウェブサイトは見当たらない。8社のウェブサイトのうち、多言語対応しているのは「坂元醸造株式会社」だけである[17]。5カ国（日本語、英語、中国語2種類、韓国語）に対応している。

　16年位前、シンポジウムで坂元昭夫氏（坂元醸造株式会社前代表取締役社長／現会長）とご一緒したとき、「本場の本物」の手続きで疲れたといわれていた。

　GIの生産者団体のウェブサイトを、会社のウェブサイトと別途運用するのは大変なことと思うが、壺畑は圧巻だ。観光もグルメもある。ボルドーに似ている雰囲気がある。是非、グローバルにアピールしてほしい。

　なお、GIに関するヒアリングで、坂元昭夫氏は下記のコメントをしている。日本政府は、ブランド化の制度や仕組みを整理する必要があると思う。消費者からみると、マークが多すぎて複雑で分からない。

---

- 自社の壺造り黒酢について1975年に「くろず」と命名したが、<u>商標登録をしなかったため、一般名称になってしまった。</u>
- 1990年11月、鹿児島県天然つぼづくり米酢協議会を発足させ、独自の基準に基づき品質の安定化と販路の拡大に努めてきた。
- <u>1991年には、「ふるさと認証食品制度（Ｅ）」において全国第1号</u>として認証された。

---

17　http://www.kurozu.co.jp

- ・2006年には、「本場の本物」の第1回認定商品として選ばれた。
- ・地理的表示保護制度の導入により、商品の認知度が高まり、差別化が期待できる。海外への展開、産業観光、地域活性化にも寄与。
- ・対象品目は伝統食品や地域に根ざした食品に限定すべき。
- ・制度の維持・運営・品質管理は、地域の協議会に委ねるべき。「本場の本物」を発展させた仕組みとすべき。
- ・地域団体商標制度を根本から改定し、地理的表示保護制度を一本化すべき。

　なお、このGICL分析については、生産者団体のウェブサイトがないので省略する。

### 鹿児島県の「ふるさと認証食品マーク」

坂元醸造株式会社提供

鹿児島県農政部かごしまの
食ブランド推進室提供

（参照）　http://www.pref.kagoshima.jp/ag04/sangyo-rodo/
　　　　nogyo/suisin/ninsyou/emarktowa.html

# 第 5 章

# 中国、北米、オーストラリアの
# GI産品と歴史、販売戦略

# 1 中国のGI制度と「一帯一路」

　中国、タイ、インドは、日本よりも早く「GI制度」を導入した。タイやインドは欧州市場へ積極的に進出しているが、とりわけ中国はGI制度を「一帯一路」の戦略の柱に据えている。以下に中国のGI制度と、「一帯一路」に関する戦略を紹介する。

　地域資源の付加価値に、日本よりも早く目覚めていたのが中国である。中国では1993年2月22日の第1回商標法改正で「地理的表示商標」を導入した。

　日本は、2006年に「地域団体商標制度」を、2015年に「GI制度」を創設した。日本は13年遅れで、「地域資源は情報社会における『資本』である」と認識したのである。

　「青森」の地名を商標として中国企業が出願したのは2003年である。日本はこの問題が起こる理由を全く理解していなかった。

## ①　WTO加盟時の中国のGI制度

　2001年12月にWTOに加盟した中国は、加盟後に地理的表示保護制度を本格的に導入したが、WTO加入前から商標法で部分的に産物を保護していた。当初、中国では主に「商標法」「地理的表示製品保護規定」「農産物地理的表示管理規則」「反不正当競争法（不競法）」の4つの法律がかかわっていた。

　「主に」とするのは、TRIPS協定で規定されている「ワイン・スピリッツへの追加的保護」は商標法の関連規則である「団体商標及び証明商標の登録及び管理規則」の第12条で行っているなどの例外があるためである。

　また、「地理的表示製品保護規定」と「農産物地理的表示管理規則」が加盟後の「地理的表示保護制度」に当たる。中国でも不競法第5条第4項

図表 5 - 1　日本の知的財産権の種類

| 知的創造物についての権利 | 営業標識についての権利 |
|---|---|
| ・特許権<br>・実用新案権<br>・意匠権<br>・著作権<br>・育成者権<br>・回路配置利用権<br>・営業秘密 | ・商標権<br>・商号<br>・商品等表示・商品形態<br>・育成者権（名称）<br>・地理的表示（GI） |

（出典）　筆者作成

図表 5 - 2　中国の知的財産権の種類

| 知的創造物についての権利 | 営業標識についての権利 |
|---|---|
| ・発明専利（日本の「特許」に相当）<br>・実用新型専利（日本の「実用新案」に相当）<br>・外観設計専利（日本の「意匠」に相当）<br>・著作権<br>・育成者権<br>・回路配置利用権<br>・営業秘密 | ・商標権<br>・企業名称（日本の「商号」に相当）<br>・商品（反不正当競争法）<br>・地理的表示（地理的表示製品保護規定）<br>・地理的表示（農産物地理的表示管理規則） |

（出典）　筆者作成

において、原産地を偽称して公衆を誤解させる、つまり商品の品質に関する虚偽表示を不正競争行為としているので、不競法も地域ブランドを保護する法律といえる。実に複雑であるが、保護する姿勢は確認できる。

　知的財産の種類を日本と中国で比較すると（図表 5 - 1、5 - 2）、営業標識についての権利は中国のほうが多数の法律で規定されている。中国のほうが、地域資源を知的財産権として保護することを重要と認識してい

るためかもしれない。

　詳細は不明な部分もあるが、地理的表示に関連する法律を所管官庁別に一覧にする（図表5－3）。地理的表示の保護について中国も複雑な法体系となっている。2015年時点の地理的表示保護制度の登録件数は2,199件との文献もある。4法のどれに該当するかは不明である（図表5－4）。

　なお、日本は2022年12月末時点で、地理的表示保護制度により登録されている地理的表示の登録件数は120件である（第4章図表4－8）。

図表5－3　2020年までの中国のGI制度

| 所管官庁 | | 法律名 | 保護対象 | 地理的表示の定義 | 地理的表示の保護リスト | マーク |
|---|---|---|---|---|---|---|
| 中国国家工商行政管理総局 | 商標局 | 中華人民共和国商標法（2013年5月1日施行） | 特定なし | リスボン協定型の定義とTRIPS協定型の定義が混在 | 公開 | |
| | 商標局以外 | 団体商標及び証明商標の登録に関する弁法（2003年4月17日公布、2003年6月1日施行） | | | | |
| | | 地理的表示製品専用マーク管理規則（2007年2月1日公布、2007年1月30日施行） | | | | |

| 中国国家質量監督検験検疫総局 | 地理的表示製品保護規定（2005年5月16日制定、2005年6月7日公布、2005年7月15日施行） | 特定なし | リスボン協定型の定義とTRIPS協定型の定義が混在 | 公開 | |
|---|---|---|---|---|---|
| 中国農業部 | 農産物地理的表示管理規則（2007年12月6日制定、2007年12月25日公布、2008年2月1日施行） | 農産物 | リスボン協定型の定義 | 公開 | |
| 国家工商行政管理総局 | 反不正当競争法（1993年制定） | 特定なし | 商品自体の周知性 | なし | なし |

（出典）　筆者作成。マークについては、https://new.qq.com/omn/20210330/20210330A03NY700.html参照

図表5－4　中国における地理的表示保護制度の登録件数

| 順位 | 地域 | 件数 | 順位 | 地域 | 件数 | 順位 | 地域 | 件数 |
|---|---|---|---|---|---|---|---|---|
| 1 | 山東（山東省） | 342 | 12 | 新疆（新疆自治区） | 56 | 23 | 广西（広西自治区） | 28 |
| 2 | 福建（福建省） | 204 | 13 | 甘粛（甘粛省） | 50 | 24 | 青海（青海省） | 24 |
| 3 | 重慶（重慶市） | 174 | 14 | 陝西（陝西省） | 48 | 25 | 内蒙古（内モンゴル自治区） | 24 |
| 4 | 浙江（浙江省） | 171 | 15 | 貴州（貴州省） | 43 | 26 | 寧夏（寧夏自治区） | 14 |

| 5 | 湖北（湖北省） | 134 | 16 | 吉林（吉林省） | 40 | 27 | 上海（シャンハイ市） | 13 |
|---|---|---|---|---|---|---|---|---|
| 6 | 四川（四川省） | 118 | 17 | 江西（江西省） | 40 | 28 | 天津（天津市） | 12 |
| 7 | 江苏（江蘇省） | 116 | 18 | 广东（広東省） | 35 | 29 | 海南（海南省） | 11 |
| 8 | 安徽（安徽省） | 109 | 19 | 黑龙江（黒龍江） | 35 | 30 | 西藏（チベット自治区） | 10 |
| 9 | 云南（雲南省） | 85 | 20 | 山西（山西省） | 34 | 31 | 北京（北京市） | 8 |
| 10 | 辽宁（遼寧省） | 81 | 21 | 河南（河南省） | 33 | 32 | 台湾 | 3 |
| 11 | 湖南（湖南省） | 74 | 22 | 河北（河北省） | 30 | 総計 | | 2199 |

（出典）　筆者作成

## ②　2020年以降の中国のGI制度[1]

　2018年に中国国家機関改革が行われた。その結果、地理的表示を管理する政府部門は「国家知識産権局」と「農業農村省」の２つとなった。

　「旧国家工商行政管理総局」と「旧中国国家質量監督検験検疫総局」が所管していたGI制度に基づく保護は、「国家知識産権局」に統合されることとなった。なお、2019年11月に「国外地理的表示商品の保護規則」を改正し、2020年４月に「地理的表示専用標識使用管理規則（試行）」を交付した。その結果、GIは団体商標、証明商標として国家知識産権局に出願し、審査を経て登録されると、「商標法」に基づいて保護されること

---

1　林則海「中国における地理的表示の登録実務及びその運用事例について」パテント2021、Vol.74No.3（https://system.jpaa.or.jp/patent/viewPdf/3764）

なった。2020年12月31日以降は、GI保護産品を標記するときは新しいマークを使用することとなった。

　農産物地理的表示管理規則（旧農業省、現農業農村省の所管）に基づく保護は保留されている。農産物にかかるGIであれば、農業農村省に出願し、審査を経て登録されれば、「農産物の地理的表示の管理規則」に基づいて保護されることとなる。

**中国 国家知識産権局の**
**マーク**

**中国 農業農村部（省）**
**のマーク**

（出典）http://new.qq.com/omn/20210330/20210330A03NY
　　　　700.html

### ③　一帯一路

#### a　2013年〜

　2013年9月7日、カザフスタンのナザルバエフ大学で習近平国家首席の演説により「シルクロード経済ベルト」が提案された。2013年10月3日、インドネシア国会では「21世紀海洋シルクロード」と「アジアインフラ投資銀行（AIIB）」が提案された。

　2014年11月10日、「シルクロード経済ベルトと21世紀海洋シルクロード（以下「一帯一路」）」が北京市で開催された「アジア太平洋経済協力首脳会議」において習国家首席により「経済圏構想」として提唱された。

　前者の「シルクロード経済ベルト」とは、中国西部から中央アジアを経由して欧州につながる「一帯」を指す。後者の「21世紀海洋シルクロード」とは、中国沿岸部から東南アジア、スリランカ、アラビア半島の沿岸

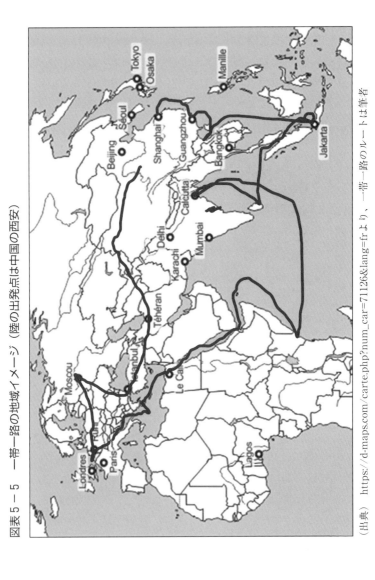

図表5−5 一帯一路の地域イメージ（陸の出発点は中国の西安）

（出典） https://d-maps.com/carte.php?num_car=71126&lang=fr より、一帯一路のルートは筆者

部、アフリカ東岸を結ぶ「一路」を指す。この2つの地域で、貿易促進、資金の往来などを促進する計画である（図表5－5）。

　李克強国務院総理は、沿線国を訪問し、支持を呼び掛けた。国際連合安全保障理事会、国際連合総会、東南アジア諸国連合、アラブ連盟、アフリカ連合、欧州連合、ユーラシア経済連合、アジア協力対話、ラテン米国・カリブ諸国共同体、上海協力機構など多くの国際組織が支持を表明した。

　諸国が経済不足を補い合い、アジアインフラ投資銀行や中国・ユーラシア経済協力基金、シルクロード基金などでインフラストラクチャー投資を拡大するだけではなく、中国から発展途上国への経済援助を通じ、人民元の国際準備通貨化による中国を中心とした世界経済圏を確立するといわれる。

## b　2017年～

　2017年5月14～15日にかけて北京で「一帯一路国際協力サミットフォーラム」が開催された。2017年10月の中国共産党第19回全国代表大会で、党規約に「一帯一路」が盛り込まれた。一帯一路は「債務の罠」という指摘もあるが、中国が戦略的に活用していることも事実である。

　当初の「一帯一路」の提案時（2013年）は64カ国であったが、2019年時点では150以上の国や国際機関が関係しているという[2]。

　2019年4月25～27日、「一帯一路」に関する首脳会議が北京で開催された。2017年に続く2度目の開催で、ロシア、イタリア、シンガポールなど第1回を上回る37カ国の政府首脳や国家元首が参加した。

　習総書記は2019年3月、イタリアでコンテ首相と会い、一帯一路で協力する覚書を交わした。主要7カ国（G7）のメンバーで覚書に署名したのはイタリアが初めてである。この会議にもオーストリアやポルトガルが初めて首脳級を送り込み、中国による欧州の切り崩しが進んでいる。

　26日には習氏が基調講演した。27日の会議終了後には習氏が記者発表会

---

2　中国政府の一帯一路情報（2019年7月14日）（https://www.yidaiyilu.gov.cn）

に出席した。王毅外相（当時）は19日の記者会見で、一帯一路は参加国すべてに利益があると説明し「中国は決して単独主義をしないし『中国優先』もしない」と米国の当時のトランプ政権を暗に批判した。

150以上の国と90以上の国際機関から約5,000人が参加した。ただし、世界銀行からは総裁が参加しなかった。

### c　一帯一路とGI制度[3]

2017年6月29日〜7月1日の期間、中国国家工商行政管理総局と世界知的所有権機関（WIPO）が共催した「世界地理表示大会」が江蘇省揚州市で開催された。日本では全く報道されなかった。

この大会で張茅中国国家工商行政管理総局長（以下、当時）は「地理表示は地域的な特色と歴史や文化を表したものであるので、『一帯一路』の建設において非常に重要である。各国との貿易、文化交流を通して、さらに経済発展を促進したい」と述べた。

李克強国務院総理と王勇国務委員が、地理表示制度の発展と国際交流の強化を張茅総局長に指示し、「一帯一路」の建設に組み入れるように命じたと報道されている。

この会議の目的は、

---

(1)　地理表示商標の登録強化

(2)　地理表示商標の運用強化

(3)　地理表示商標の偽物の取締強化

(4)　地理表示商標の宣伝強化

(5)　地理表示商標の啓発

(6)　地理表示商標の文化研究の強化

(7)　地理表示商標の文化交流の促進

---

3　国家市場監督管理総局ウェブサイト（https://www.samr.gov.cn）

と説明された。

近年、国家工商行政管理総局が、国務院の「単純な政府の地方分権化、統合、およびサービスの最適化」の改革に呼応して、商業システムの改革を積極的に推進した。市場プレーヤーの急速な成長に伴い、中国の商標ブランドは急速に発展した。2017年5月末の時点で中国における有効な登録商標の総数は1,322万に達した。

## d GI保護の強化[3]

張茅総局長は、国家工商行政管理総局が地理的表示と農産物商標の保護を継続的に強化し、正確な貧困緩和、農家所得の増加、農業効率の促進、貧困地域の緑開発の促進における地理的表示と農産物商標の使用を大幅に推進した。その結果、2017年5月の時点での商標登録の数は3,615に達し、2007年と比較して11倍増加した。統計によると、地理的表示保護制度の半分以上が地域経済の柱産業となっており、地理的表示商標の地域雇用への包括的貢献率と影響度、住民の収入の増加と経済発展は30%を超えているという。

張茅総局長は、地理的な利点と地理的表示の歴史文化は一帯一路の建設に重要な役割を果たし、世界のすべての国の貿易、文化交流および経済発展を促進すると強調した。国家工商行政管理総局は、李克強国務院総理の重要な指示と王龍議員の重要な演説を実施し、地理的表示の働きを確実に推進し、国際協力と交換を強化し、「一帯一路」の建設を促進するとした。

「世界地理表示大会」開始前日の6月28日夜に、張茅総局長は「中国商標Gold賞」授賞式の行事に出席して、訪中した世界知的所有権機構のフランシス・ガリー事務局長と会見した。張茅総局長は、この大会開催を機に、さらに協力基盤を固め、成果を深化し、確実に地理的表示の発展と保護を推進し、共同ブランド事業の発展を促進するとした。

## e 「一帯一路」に関する動き

2019年5月5日、メーデー連休期間中、中国の重慶保税商品展示交易センターで行われている「一帯一路」国家特色商品貿易および文化週間シ

図表5－6　EUにおける中国の初期のGI登録産品

| 書類番号 | 名称 | 種類 | 出願日 | 登録日 |
|---|---|---|---|---|
| CN/PGI/0005/0624 | 东山白卢笋 | PGI | 16/07/2007 | 30/11/2012 |
| CN/PDO/0005/0628 | 平谷大桃 | PDO | 16/07/2007 | 09/11/2012 |
| CN/PGI/0005/0625 | 盐城龙虾 | PGI | 16/07/2007 | 17/08/2012 |
| CN/PGI/0005/0630 | 镇江香醋 | PGI | 16/07/2007 | 14/06/2012 |
| CN/PGI/0005/0622 | 金乡大蒜 | PGI | 16/07/2007 | 01/11/2011 |
| CN/PDO/0005/0621 | 龙井茶 | PDO | 16/07/2007 | 11/05/2011 |
| CN/PDO/0005/0626 | 琯溪蜜柚 | PDO | 16/07/2007 | 11/05/2011 |
| CN/PDO/0005/0629 | 陕西苹果 | PDO | 16/07/2007 | 11/05/2011 |
| CN/PGI/0005/0627 | 蠡县麻山药 | PGI | 16/07/2007 | 11/05/2011 |
| CN/PGI/0005/0623 | 龙口粉丝 | PGI | 16/07/2007 | 30/10/2010 |

（出典）　筆者作成

リーズ・イベントの一環として、「一帯一路」特色商品展示即売会が開か
れ、さまざまな輸入商品が消費者に紹介された[4]。

　2019年5月18日、福建省福州市で「第2回21世紀海上シルクロード博覧
会」と「第21回海峡両岸経済貿易交易会」が開催された。

　2019年5月17日、中国甘粛省蘭州市の蘭州音楽庁（コンサートホール）
で、同市歌舞劇院が創作した代表的な舞踏劇「大夢敦煌（2000年創作）」
が上演された。この作品は芸術の宝庫である長い歴史のある「敦煌」を舞
台に、青年絵師の莫高と大将軍の娘の月牙との恋を描き、古代シルクロー
ドを舞台にした感動的なラブストーリーとなっているという[5]。この作品
は、「中日国交正常化40周年記念事業」の一環で、2012年8月29日から日

---

4　新華網日本語ウェブサイト（http://jp.xinhuanet.com/2019-05/05/c_
138035158.htm）
5　新華網日本語ウェブサイト（http://jp.xinhuanet.com/2019-05/21/c_
138076063.htm）

本でも上映された作品である[6]。

　これらの動きをみていると、大きなヒントが隠されているだろう。長い歴史を生かして地域の産物を販売する中国の戦略に学ぶことは多いと思われる。

## ④　最近の中国の政策

　報道によると[7]、2020年9月現在、中国で登録されている地理的表示（GI）商品の総数は2,269件であり、登録された農産物地理的表示（AGI）の総数は 3,088件という。

　また、中国政府は、GI制度を活用して、農民の所得を増加しようとしている。

### a　地理的表示に関する専用ウェブサイト

　登録された産品の紹介や研修制度の案内などの総合サイトが設置されている[8]。登録されたGI産品の画像と登録証が次々に紹介されている。中国政府が注力している様子がよく分かる。

### b　海外との関係

　海外からの地理的表示保護制度に関する出願は、87件登録されている（フランス35件、イタリア19件、米国14件、タイ５件など。日本は０件）という。

　2020年7月、中国とEUは、「地理的表示に関する中国EU協定」に正式に署名した。EUの100の農業および食品の地理的表示は中国で保護され、同様に中国の100の地理的表示もEUによって保護されている。この条約の締結前から、中国はECに直接申請し、10件がGI登録されていた（図表５−

---

6　人民中国インターネット版（「人民網日本語版」2012年８月29日より）
　（http://www.peoplechina.com.cn/xinwen/txt/2012-08/30/content_479096.
　htm）
7　https://new.qq.com/omn/20210330/20210330A03NY700.html
8　http://www.cpgi.org.cn/

6 )。

### c　国家製品偽造防止トレーサビリティ検証公開プラットフォーム[9]

「国家製品偽造防止トレーサビリティ検証公開プラットフォーム（以下
「中国防衛プラットフォーム」）」は、国務院の国家「二重闘争局」と旧品
質監督総局の共同参加と指導の下、2015年に設立された。

中国防衛プラットフォームは、国務院双闘弁公室の「二法合体」プラッ
トフォームと旧国家品質検査院の「品質信用プラットフォーム」に組み込
まれており、品質保証、評判保証、データ監視などの機能を備えている。
現在、業界や分野を超えた国家重要製品トレーサビリティ標準化システム
の策定に参加している唯一の国家レベルのプラットフォーム組織であり、
国家重要製品トレーサビリティシステムの重要な部分を占めている。フラ
ンスのINAOと同様、GIは品質保証が重要と認識していると思われる。

 **2　北米、オーストラリアのGI制度**

米国、カナダ、オーストラリアは「GIの保護」にあまり熱心ではない
ようだ。この理由は移民により誕生した国であるため、移民前の国から地
名を拝借しているケースが多く、地名ブランドはメリットが少ないからで
ある。しかしグローバルに地理的表示保護制度が活用される今、歴史は浅
いが該当するワインなどをアピールする戦略を構築している。米国は条約
に基づいて、EUでワインを678件、蒸留酒を2件登録している。

### ①　GI制度と移民の国

条約などの会議で、米国、カナダ、オーストラリアなどの国々はGI制

9　http://www.cpgi.org.cn/?c=i&a=idetail&cataid=7

度に反対する立場をとることが多い。

　反対する理由は何か。国が成立する過程で、移民する前の国の地名を、移民後の国で使用しているケースが多いためと考えられる。

　例えば、米国のメイン州の「ヨーク」は、英国の「ヨーク」から地名を拝借した。ヨークという名の由来は「イチイの木（yew trees）」であるためか英国でも2カ所（ノース・ヨークシャー州、ランカシャー州）も同じ地名がある。このような場合、どちらかが地理的表示で保護されるとややこしい関係となる。問題解決には「州名」も含めて地理的表示とすることが多い。一般的に、地名をブランドとして保護すると国内でも混乱が起こる場合があることに留意すべきである。

　他方、米国では8カ所（アラバマ州、アラスカ州、ペンシルベニア州、ネブラスカ州、ニューヨーク州、メイン州、ノースダコタ州、サウスカロライナ州）にも「ヨーク」という地名がある。このような場合、仮に英国のいずれかの「ヨーク」が地理的表示として保護されると米国の同名の地域がEU域内で農産物を販売する際に制限を受けることがありうる。このような背景から、これらの移民の国は原則反対の立場をとることが多い。

　しかし、米国などが常にGI制度に反対しているわけではない。例えば、米国が「ジョージア」という日本で販売されている缶コーヒーの名前について「米国の地名が無断で使用されている」と日本にクレームを付けた事例もある。また、米国にはGI制度はないが、商標法のなかに「証明商標」を作り、「アイダホ州産アイダホポテト」「100％ハワイコーヒー」「インディアナ州産牛肉」などを保護している。EUと同様、地域ブランドの農産品を保護する必要性は認識している。

　米国は、EUのGIを2件登録、1件申請している。登録済みはワインの「ナパバレーワイン」と「ウィラメットバレーワイン」である。申請中なのは、「スケソウダラ」である。新大陸の国民はGIに対してはジレンマを感じるのではなかろうか。

## ② 米国におけるGIの保護の仕組み

米国では、GIの保護そのものを目的とした法制度はない一方、米国商標法に基づき、一般的な商標とは別の証明商標制度と団体商標制度により地理的表示の保護を実施している。GI保護に主に利用されているのは、証明商標制度である。

証明商標の定義は「商品・サービスの提供にあたって、当該商品・サービスに係る原産地、原材料、製造方法、品質、精度その他の特徴を証明する標章」であり、使用者は「権利者自身は商標を使用せず、権利者が定める商品・サービスに係る一定の基準を満たす者」である。また、GIの登録は、「地理的用語のみから構成される標章も登録可能」であり、品質等に関する証明は「権利者が定める原産地、原材料、製造方法、品質、精度その他の特徴を証明」する。

米国で証明商標として保護されている地理的表示産品の例としてアイダホ州産アイダホポテトの事例などが説明された（図表5－7）。

図表 5 - 7　米国で証明商標として保護されているGI産品の例

| | アイダホ州産アイダホポテト（IDAHO POTATOES GROWN IN IDAHO）〔アイダホ州〕 | 100％ハワイコーヒー（100％ HAWAII COFFEE）〔ハワイ州〕 | インディアナ州産牛肉（INDIANA BEEF：fresh from the farm）〔インディアナ州〕 | マウイ（たまねぎ）（MAUI）〔ハワイ州マウイ島〕 |
|---|---|---|---|---|
| 権利者 | アイダホ州ポテト委員会 | ハワイ州農務局 | インディアナ畜牛協会 | マウイたまねぎ栽培者協会 |
| 対象産品 | ジャガイモ、ジャガイモ加工品（生製品、冷凍・冷蔵・乾燥製品） | コーヒー豆 | インディアナ産牛肉 | たまねぎ |
| 証明内容 | 原産地がアイダホ州であること。権利者の定める基準（等級、サイズ、重さ、色、形状、種類、成熟度、残留農薬濃度等）を満たしていること。 | ハワイ州の地域内の原産であること。（ハワイ州の地理的境界内で栽培されたこと。） | 生産地がインディアナ州であること。生産者がインディアナ畜牛協会のメンバーであり、かつ、所定の教育プログラム等を受講の上、同協会のライセンス契約を受けていること。 | ハワイ州マウイ島の原産であること。（マウイ島で栽培されたものであること。） |

（出典）　筆者作成

第6章

まとめ

# 1 GIはお薦めのビジネスツール

　日本の農産品のブランド価値が国内外で高まっている今、ブランド構築や販売戦略などを合理的に立案するためにも、GIの国内保護、海外保護の仕組みを分かりやすくすることが喫緊の課題である。

　国民はGIについてもっと関心を持ち、GI制度を支援して、安全・安心・ヘルシー・美味しい日本の農産品を提供することで世界に貢献する必要があると考える。

## ① GI産品情報発信サイト

　農林水産省は、GIの普及啓発に大いに尽力している。

　農林水産省の「地理的表示産品情報発信サイト」（図表6－1）では、7カ国の言語（日本語、中国語、英語、フランス語、タイ語、イタリア語、スペイン語）で日本のGI情報を得ることができる。例えば、「十勝川西長いも」は、オリジナルのウェブサイトは見当たらないものの、農林水産省のウェブサイトにおいて、7カ国語でその情報を知ることができる。素晴らしい取組みだと思う。

　役所のサイトであるため、生産者団体のリンクは張ることができても、GI商品を販売している業者へのリンクは難しいであろう。

　しかしこれだけの多言語で翻訳してくれている文章があるのだ。農林水産省に相談して、リンクを張らせてもらったり、翻訳の文章を参考にさせてもらえれば、生産者団体にとって、今後のGI産品のオリジナルのウェブサイト作成のハードルがかなり下がることであろう。しかしオリジナルのウェブサイトの制作・運営自体は、省庁任せにはできず、個々の生産者団体自身が手がけなければならない。

図表6−1 「地理的表示産品情報発信サイト」

（出典） https://gi-act.maff.go.jp

## ② 日本のGI制度のメリット

産品の確立した特性と地域との結びつきがみられる真正なGI産品であることを証する制度である。明細書どおりの素材や製造方法が義務づけられ、25年以上の実績も必要だ。GIの取得費用をここで紹介すると、まず出願費用や審査費用は無料。

登録が決まったら農林水産省に9万円（登録印紙）を支払う。複数の組合でGI取得する場合でも9万円は変わらない。保護期間は無期限で、追加の費用負担はない。商標と比較すると格段に安い。また登録後は「登録標章（GIマーク：世界各国で商標登録済み)」を商品に使用することができるメリットがある。また、他者がGIの保護名称を無断使用した場合は、農林水産省に通報すればよい。各組合が弁護士を雇って裁判を起こす必要はない。海外でもGIマークの模倣品は農林水産省に通報すれば、現地対応がなされる。「安い、永久使用、国内外で訴訟費用が不要、海外でも使用できる」というメリットが高い制度である。

なお、ワイン、スピリッツ、日本酒などの酒類については国税庁が管轄する別のGI法がある。

## ウェブサイトを作りながら戦略を立てよう

### ①　ブランディング戦略に必要な要素

　GIを取得しただけではブランディング戦略は完成しない。特に、差別化戦略の観点で不足しているものを補うことが重要である。

　「差別化のための方法にはたくさんのパターンがある。製品設計やブランドイメージの差別化、テクノロジーの差別化、製品特徴の差別化、顧客サービスの差別化、ディーラー・ネットワークの差別化その他の差別化など。理想的には、複数の面で差別化するのがよいとされる」（マイケル・E・ポーター、1980年）。

　具体的には、古典的であるがBuilding Strong Brands（D・アーカー、1995年）で発表された「アーカーモデル」の「ブランドアイデンティティ」が分かりやすいであろう。ブランドアイデンティティは次の4つの観点に分類され、8〜12の要素で構成されているとした。

a　製品としてのブランド（製品の範囲、製品の属性、製品の品質または価値、用途、ユーザー、および原産国）

b　組織としてのブランド（組織の属性、グローバルな活動に対するローカルな仕組み）

c　人としてのブランド（ブランドの個性と顧客とブランドの関係）

d　シンボルとしてのブランド（オーディオとビジュアルのイメージ、比喩的なシンボル、ブランドの遺産）

　製品、組織、人、シンボルのブランドとして不足しているもの、強みの

あるものを考えることが必要である。

## ② マーケティング戦略に必要な要素

日本の組合が苦手とするのが、これらのブランドアイデンティティを歴史や背景などの「ストーリーで語ること」である。詳細はGICLの表の要素である。

## ③ マーケティング戦略に足りないターゲット

単なる商品の説明だけでは、消費者に共感は起こらない。また製造過程を共有する価値創造を行うなら、マーケティング戦略につながる打合せも必要である。

現在、日本がGIに登録している120産品のうち、グローバルに販路を開拓する戦略を検討している組合はまだまだ少ない。

北海道の長芋や神戸ビーフなどの例外はあるが、欧州の組合が輸出を前提に考えているのに対し、日本の組合は輸出を前提に考えていない。HACCPなどの対応も最初に組み込んでおかないと輸出できないことになり混乱する。

## ④ 組合に足りないマネジメント機能

「企業の目的は、顧客の創造である。したがって、企業は2つの、そして2つだけの基本的な機能を持つ。それがマーケティングとイノベーションである」（P・F・ドラッカー、1971年）は組合にも当てはまる。

イノベーションによりよい商品が完成しても、近隣の消費者に知られたらマーケティングをしない組合が多い。

ローカルな商品でよいとするのであればその道もあると思うが、GIを取得して、国内、海外でも販路獲得をしようと考えているのであればマーケティング戦略は常に必要である。

近年、議論されていることは、GIを申請できる農林水産物は差別化要

素が限られているため、本来的にはコモディティ化しやすい。そうなると、薄利多売の世界に引きずり込まれる。

　ところが、土地の文化、歴史的な伝統製法、産地のテロワールなどの影響で、商品の品質、特徴が識別できるものは、GIを活用すれば脱コモディティ化できる場合がある。チーズ、バター、生ハム、ワインなど、欧州から購入している高い食材はこの事例である。

　日本の食材も長い伝統を持ち、製法も独特なものが多い。そうであれば、欧州が日本で販売を成功したように、日本も欧州や米国で販売ができるのではないか。これがGI制度の導入の１つの理由であった。

　ところが日本から輸出しようとする組合は少ないし、輸出に努力している組合でもマーケティング＆ブランディング戦略のサポートが不足している。

　現在、日本人の経営に関する知見は高まっていると思うが、経営に携わっている方々にはブランドの法的保護を知らない向きが多い。他方、ブランドの法的保護の研究者や法律家は、ブランディング戦略の本質やマーケティング戦略の必然性について意識していない。

　グローバルビジネスに参加している企業人にとっては常識であることが、地域の産業を担っている人にとっては常識でないことも多い。

　本稿は、日本で成功したGIを取得している海外の組合の例を確認し、今後のGIを取得した日本の組合に参考にしていただくことを目的としたものである。あわせてグローバルビジネスを経験した者に、日本の組合のブランディング＆マーケティング戦略をサポートしてほしいと願っている。

## あとがき──日本への提言

## 1　東日本大震災から得た教訓

### ①　日本ブランドの崩壊

2011年3月11日14時46分、マグニチュード9の大地震が発生した。これに起因する巨大津波が東北や関東の太平洋沿岸のたくさんの町を呑み込んだ。

福島第一原子力発電所では冷却装置が作動できず、放射能が漏れる事故となった。経済産業省の原子力安全・保安院は福島第一原発1〜3号機の事故について国際評価尺度（INES）のレベル5と暫定的な評価を下した。これは1979年に起こった米国のスリーマイル島事故と同レベルである。

この原発事故のため、安全で安心で美味しいという農林水産物の日本ブランドに対する信用が世界各国で崩壊する危機に迫られた。

3日後の3月14日には韓国、香港、マレーシア、シンガポール、中国などのアジア諸国が、15日にはタイが、日本から輸入される食品について放射能検査を実施すると発表した。16日には、EUも動き出した。ECが加盟国などに日本から輸入された食品の放射能検査を実施するように勧告したという。

EU加盟国以外でも、ノルウェーやアイスランドも検査を行うとした。検査対象は15日以降の輸入食品・家畜飼料である。安全性と美味しさを兼ね備えていると評判の高かった日本の農林水産物に対して、世界の見方が大きく変わった。

### ②　フランスのトリカスタン原発

フランスは電力需要の約7割を原子力に依存している世界一の原子力発電大国である。2008年7月23日に放射能漏洩事故が発生した。南部のドローム県にある原子炉4基を抱えるフランス第2位の「トリカスタン原子

力発電所」である。100人以上の作業員などが被曝したが、被曝が軽度であり健康や環境への被害はない「国際評価尺度でレベル0」と評価された。

事故の翌日、事件が起こった。「コトー・デュ・トリカスタン（Coteaux du Tricastin)」を作っているワイン組合が名称を変更すると発表したからだ。ブランドの損失はどれくらいあるのか。世間は驚いた。

このワインは1973年からAOCで守られていた有名ワインである。宝ともいえるAOCの「トリカスタン」というブランド名を変更しなければならなかったのか。

理由はイメージの毀損を避けるためだった。ワインの産地は、原発から50kmも離れていた。しかし同じ地名のブランドを使用していると、消費者が「トリカスタンのワイン」は、事故を起こした「トリカスタン原発」の近くで製造されていると誤解するかもしれないと憂慮したからだ。

現地の情報によると、原発事故が起こる前から「原子力発電所の名称」を変更するように運営企業に要望していた。しかし取り合ってくれなかったという。

2年後の2010年6月、AOCの管理委員会で、地元の村名の「グリニャン・レ・ザデマール（Grignan-les-Adhémar)」に変更することが認められた[1]。

翌日に名称変更をするという迅速な判断、放射能汚染が全くないのに消費者の心配を想像する力、安全性に疑義を生じさせないというブランドに対する使命感……多くのことを学ばせていただいた。

筆者は、事故を起こした原子力発電所の名前が「福島」という広域の地名を表す県名を冠したため、福島県全域が汚染地域との風評被害が出たのだと指摘してきた。

---

1 テレグラフ社ウェブサイト（2010年6月16日、http://www.telegraph.co.uk/foodanddrink/wine/7830464/Cote-du-Rhone-producers-allowed-to-drop-nuclear-reactor-name.html#）

「地名は財産」。これからは原発などのリスクを抱える施設の名前に地名を使わないでほしいと思う。それも広域の地名を付けるなんてリスクが高い愚かな行為である。

　汚染状況を誤魔化さない、科学的なモニタリングをして公開し続ける。信用を失うのは一瞬、取り戻すのは一生かもしれない。

## 2　役所の壁を壊そう

### ①　伝統工芸品・工業製品のGI化

　日本よりも先にGI制度を導入したタイでは「タイシルク」などの伝統工芸品をGIとして保護している。考えてみれば、農林水産物、食品、酒類だけにGIを限る必要はない。日本の伝統的工芸品をGIで保護してはどうか。

　高度成長期を終え、日本の人件費が高くなったことを受け、工場が海外に移転し、日本に発注が来なくなった工業製品はたくさんある。今治タオル、泉州タオル、豊岡カバン、東かがわ市の手袋、神戸のシューズ、鯖江の眼鏡など。

　高くても質のよい物を大事に使う価値観に変わってきた。地域の産業振興のためにも、国レベルの伝統的工芸品、県レベルの伝統工芸品、工業製品もGIを活用して付加価値をアピールしてはどうか。

### ②　日本の日輪のGIマーク

　酒類、将来は伝統工芸品にも付けて販売してはどうか。日本の消費者にも、外国の消費者にも分かりやすいと思う。世の中、マークが多すぎて覚えきれないのが本音だと思う。

　申請や審査の窓口も１つで、制度を揃えたほうが合理的である。これもEUの新しい改正案に入っている。

　農林水産省、国税庁、経済産業省、特許庁のGIのセクションを一緒にしてはどうか。役所の壁を壊す時期に来ていると思う。世界は知的財産省を設置する国が増えている。是非、ご検討いただきたい。

| 登録番号 | 名称 | 特定農林水産物等の区分 |
|---|---|---|
| 1 | あおもりカシス | 第3類 果実類 すぐり類 |
| 2 | 但馬牛 | 第2類 生鮮肉類 牛肉 |
| 3 | 神戸ビーフ | 第2類 生鮮肉類 牛肉 |
| 4 | 夕張メロン | 第2類 野菜類 メロン |
| 5 | 八女伝統本玉露 | 第32類 酒類以外の飲料等類 茶葉（生のものを除く） |
| 6 | 江戸崎かぼちゃ | 第2類 野菜類 かぼちゃ |
| 7 | 鹿児島の壺造り黒酢 | 第27類 調味料及びスープ類 その他醸造酢（米黒酢） |
| 8 | くまもと県産い草 | 第4類 その他農産物類（工芸農作物を含む）いぐさ |
| 9 | くまもと県産い草畳表 | 第41類 畳表類 いぐさ畳表 |
| 10 | 伊予生糸 | 第42類 生糸類 家蚕の生糸 |
| 11 | 鳥取砂丘らっきょう、ふくべ砂丘らっきょう | 第2類 野菜類 らっきょう |
| 12 | 三輪素麺 | 第5類 農産加工品類 穀物類加工品類（そうめん類） |
| 13 | 市田柿 | 第18類 果実加工品類 干柿 |
| 14 | 吉川ナス | 第1類 農産物類 なす |
| 15 | 【消除】 | |

| 特定農林水産物等の生産地 | 登録日 |
|---|---|
| 東青地域（青森県青森市、青森県東津軽郡平内町、青森県東津軽郡今別町、青森県東津軽郡蓬田村、青森県東津軽郡外ヶ浜町） | 2015年12月22日 |
| 兵庫県内 | 2015年12月22日 |
| 兵庫県内 | 2015年12月22日 |
| 北海道夕張市 | 2015年12月22日 |
| 福岡県内 | 2015年12月22日 |
| 茨城県稲敷市および牛久市桂町 | 2015年12月22日 |
| 鹿児島県霧島市福山町および隼人町 | 2015年12月22日 |
| 熊本県八代市、熊本県八代郡氷川町、熊本県宇城市、熊本県球磨郡あさぎり町 | 2016年2月2日 |
| 熊本県八代市、熊本県八代郡氷川町、熊本県宇城市、熊本県球磨郡あさぎり町 | 2016年2月2日 |
| 愛媛県西予市 | 2016年2月2日 |
| 鳥取県鳥取市福部町内の鳥取砂丘に隣接した砂丘畑 | 2016年3月10日 |
| 奈良県全域 | 2016年3月29日 |
| 長野県飯田市、長野県下伊那郡ならびに長野県上伊那郡のうち飯島町および中川村 | 2016年7月12日 |
| 福井県鯖江市 | 2016年7月12日 |
| | |

| 登録番号 | 名称 | 特定農林水産物等の区分 |
|---|---|---|
| 16 | 山内かぶら | 第2類 野菜類 かぶ |
| 17 | 加賀丸いも | 第1類 農産物類 野菜類 やまいも |
| 18 | 三島馬鈴薯 | 第2類 野菜類 馬鈴しょ |
| 19 | 下関ふく | 第10類 魚類 ふぐ |
| 20 | 能登志賀ころ柿 | 第18類 果実加工品類 干柿 |
| 21 | 十勝川西長いも | 第1類 農産物類 野菜類 やまいも |
| 22 | くにさき七島藺表 | 第41類 畳表類 七島イ畳表 |
| 23 | 十三湖産大和しじみ | 第11類 貝類 しじみ |
| 24 | 連島ごぼう | 第2類 野菜類 ごぼう |
| 25 | 特産松阪牛 | 第6類 生鮮肉類 牛肉 |
| 26 | 米沢牛 | 第6類 生鮮肉類 牛肉 |

| 特定農林水産物等の生産地 | 登録日 |
|---|---|
| 福井県三方上中郡若狭町山内 | 2016年9月7日 |
| 石川県能美市および石川県小松市（高堂町、野田町、一針町） | 2016年9月7日 |
| 静岡県三島市の箱根西麓地域（佐野、徳倉、沢地、川原ヶ谷山田、川原ヶ谷小沢、川原ヶ谷元山中、塚原新田、市山新田、三ッ谷新田、笹原新田、山中新田、谷田台崎、玉沢）、静岡県田方郡函南町の箱根西麓地域（桑原、大竹、平井、丹那、畑、田代、軽井沢） | 2016年10月12日 |
| 山口県下関市および福岡県北九州市門司区 | 2016年10月12日 |
| 石川県羽咋郡志賀町のうち1970年から2005年までの旧志賀町区域 | 2016年10月12日 |
| 北海道帯広市、芽室町、中札内村、清水町、新得町、池田町字高島、足寄町、浦幌町、鹿追町 | 2016年10月12日 |
| 大分県国東市、大分県杵築市 | 2016年12月7日 |
| 青森県五所川原市（十三湖を含む）、つがる市、北津軽郡中泊町 | 2016年12月7日 |
| 岡山県倉敷市（水島地域ならびに倉敷地域のうち西阿知および大高） | 2016年12月7日 |
| 2004年11月1日当時の行政区画名としての22市町村（松阪市、津市、伊勢市、久居市、香良洲町、一志町、白山町、嬉野町、美杉村、三雲町、飯南町、飯高町、多気町、明和町、大台町、勢和村、宮川村、玉城町、小俣町、大宮町、御薗村、度会町） | 2017年3月3日 |
| 山形県置賜地域（米沢市、南陽市、長井市、高畠町、川西町、飯豊町、白鷹町、小国町） | 2017年3月3日 |

| 登録番号 | 名称 | 特定農林水産物等の区分 |
|---|---|---|
| 27 | 【消除】 | |
| 28 | 前沢牛 | 第6類 生鮮肉類 牛肉 |
| 29 | くろさき茶豆 | 第2類 野菜類 えだまめ |
| 30 | 東根さくらんぼ | 第3類 果実類 おうとう |
| 31 | みやぎサーモン | 第10類 魚類 ぎんざけ |
| 32 | 大館とんぶり | 第17類 野菜加工品類 その他第1号から前号までに掲げるもの以外の野菜加工品（とんぶり） |
| 33 | 大分かぼす | 第3類 果実類 その他かんきつ類（かぼす） |
| 34 | すんき | 第17類 野菜加工品類 野菜漬物のうち、⑴から⑻までに掲げるもの以外の野菜漬物（乳酸発酵漬物（無塩）） |
| 35 | 新里ねぎ | 第2類 野菜類 ねぎ |
| 36 | 田子の浦しらす | 第4類 水産物類 魚類（しらす）、第7類 水産加工品類 加工魚介類（釜揚げしらす） |
| 37 | 万願寺甘とう | 第2類 野菜類 その他果菜類（とうがらし（青とう）） |
| 38 | 飯沼栗 | 第3類 果実類 くり |
| 39 | 紀州金山寺味噌 | 第27類 調味料及びスープ類 その他味噌（醸造嘗め味噌） |
| 40 | 美東ごぼう | 第2類 野菜類 ごぼう |

| 特定農林水産物等の生産地 | 登録日 |
|---|---|
| | |
| 岩手県奥州市前沢区 | 2017年3月3日 |
| 新潟県新潟市西区黒埼地区、新潟市西区小新的場地区、新潟市西区亀貝寅明地区 | 2017年4月21日 |
| 山形県東根市および隣接市町の一部 | 2017年4月21日 |
| 宮城県石巻市、女川町、南三陸町、気仙沼市 | 2017年5月26日 |
| 秋田県大館市 | 2017年5月26日 |
| 大分県内 | 2017年5月26日 |
| 長野県木曽郡木曽町、上松町、南木曽町、木祖村、王滝村、大桑村および長野県塩尻市の一部（旧楢川村）（2005年3月31日当時の長野県木曽郡） | 2017年5月26日 |
| 栃木県宇都宮市新里町 | 2017年5月26日 |
| 静岡県田子の浦沖（富士市沖、沼津市沖） | 2017年6月23日 |
| 京都府綾部市、舞鶴市および福知山市 | 2017年6月23日 |
| 茨城県東茨城郡茨城町 | 2017年6月23日 |
| 和歌山県 | 2017年8月10日 |
| 山口県美祢市美東町 | 2017年9月15日 |

| 登録番号 | 名称 | 特定農林水産物等の区分 |
|---|---|---|
| 41 | プロシュット ディ パルマ | 第20類 食肉製品類 ハム類 |
| 42 | 木頭ゆず | 第3類 果実類 ゆず |
| 43 | 上庄さといも | 第2類 野菜類 さといも |
| 44 | 琉球もろみ酢 | 第5類 農産加工品類 酒類以外の飲料等類（その他飲料等類）（もろみ酢） |
| 45 | 若狭小浜小鯛ささ漬 | 第24類 加工魚介類 調味加工品（小鯛ささ漬） |
| 46 | 桜島小みかん | 第3類 果実類 その他かんきつ類（紀州みかん） |
| 47 | 岩手野田村荒海ホタテ | 第11類 貝類 ほたてがい |
| 48 | 奥飛騨山之村寒干し大根 | 第17類 野菜加工品類 干しだいこん |
| 49 | 八丁味噌 | 第27類 調味料及びスープ類 豆味噌 |
| 50 | 堂上蜂屋柿 | 第18類 果実加工品類 干柿 |
| 51 | ひばり野オクラ | 第2類 野菜類 その他果菜類（オクラ） |
| 52 | 小川原湖産大和しじみ | 第11類 貝類 しじみ |

| 特定農林水産物等の生産地 | 登録日 |
|---|---|
| イタリア共和国エミリア＝ロマーニャ州パルマ県内の一部地域（(ア)エミリア街道から5km以上南に離れ、(イ)海抜900m以下であり、かつ(ウ)エンザ川（東端）およびスティロネ川（西端）に挟まれた地域） | 2017年 9 月15日 |
| 徳島県那賀郡那賀町 | 2017年 9 月15日 |
| 福井県大野市上庄地区（1954年 6 月30日現在における行政区画名としての福井県大野郡上庄村） | 2017年11月10日 |
| 沖縄県 | 2017年11月10日 |
| 福井県小浜市 | 2017年11月10日 |
| 鹿児島市桜島横山町、桜島白浜町、桜島二俣町、桜島松浦町、桜島西道町、桜島藤野町、桜島武町、桜島赤生原町、桜島小池町、桜島赤水町、新島町（2004年10月31日時点における行政区画名としての鹿児島県鹿児島郡桜島町） | 2017年11月10日 |
| 岩手県野田村野田湾 | 2017年11月10日 |
| 岐阜県飛騨市神岡町山之村地区（岐阜県飛騨市神岡町伊西、森茂、岩井谷、下之本、瀬戸、和佐府、打保地区の総称） | 2017年11月10日 |
| 愛知県 | 2017年12月15日 |
| 岐阜県美濃加茂市 | 2017年12月15日 |
| 秋田県雄勝郡羽後町 | 2017年12月15日 |
| 青森県上北郡東北町（小川原湖を含む）、上北郡六ヶ所村、三沢市 | 2017年12月15日 |

| 登録番号 | 名称 | 特定農林水産物等の区分 |
|---|---|---|
| 53 | 入善ジャンボ西瓜 | 第2類 野菜類 すいか |
| 54 | 香川小原紅早生みかん | 第3類 果実類 うんしゅうみかん |
| 55 | 宮崎牛 | 第6類 生鮮肉類 牛肉 |
| 56 | 近江牛 | 第6類 生鮮肉類 牛肉 |
| 57 | 辺塚だいだい | 第3類 果実類 その他かんきつ類（辺塚だいだい） |
| 58 | 鹿児島黒牛 | 第6類 生鮮肉類 牛肉 |
| 59 | 水戸の柔甘ねぎ | 第2類 野菜類 ねぎ |
| 60 | 松館しぼり大根 | 第2類 野菜類 だいこん |
| 61 | 対州そば | 第1類 穀物類 そば、第14類 粉類 雑穀粉（そば粉） |
| 62 | 山形セルリー | 第2類 野菜類 セルリー |
| 63 | 南郷トマト | 第2類 野菜類 トマト |
| 64 | ヤマダイかんしょ | 第1類 農産物類 野菜類（さつまいも） |
| 65 | 岩出山凍り豆腐 | 第16類 豆類調整品類（凍豆腐） |
| 66 | 岩手木炭 | 第40類 木炭類 |
| 67 | くまもとあか牛 | 第6類 生鮮肉類 牛肉 |
| 68 | 二子さといも | 第2類 野菜類 さといも |
| 69 | 越前がに | 第12類 その他水産動物類 ずわいがに、第24類 加工魚介類 その他第1号から前号までに掲げるもの以外の加工魚介類（ゆでずわいがに） |
| 70 | 大山ブロッコリー | 第2類 野菜類 ブロッコリー |

| 特定農林水産物等の生産地 | 登録日 |
|---|---|
| 富山県下新川郡入善町 | 2017年12月15日 |
| 香川県 | 2017年12月15日 |
| 宮崎県内 | 2017年12月15日 |
| 滋賀県内 | 2017年12月15日 |
| 鹿児島県肝属郡肝付町、南大隅町 | 2017年12月15日 |
| 鹿児島県内 | 2017年12月15日 |
| 茨城県水戸市、茨城県東茨城郡城里町および茨城県東茨城郡茨城町 | 2018年2月7日 |
| 秋田県鹿角市八幡平字松館地区 | 2018年4月9日 |
| 長崎県対馬市 | 2018年4月9日 |
| 山形県山形市内 | 2018年4月9日 |
| 福島県南会津郡南会津町、只見町、下郷町 | 2018年8月6日 |
| 宮崎県串間市 | 2018年8月6日 |
| 宮城県大崎市岩出山 | 2018年8月6日 |
| 岩手県 | 2018年8月6日 |
| 熊本県 | 2018年9月27日 |
| 岩手県北上市 | 2018年9月27日 |
| 福井県 | 2018年9月27日 |
| 鳥取県西伯郡（大山町、日吉津村、南部町、伯耆町）、日野郡（日南町、日野町、江府町）、米子市 | 2018年12月27日 |

| 登録番号 | 名称 | 特定農林水産物等の区分 |
|---|---|---|
| 71 | 奥久慈しゃも | 第6類 生鮮肉類 鶏肉、内臓肉、その他の生鮮肉類 |
| 72 | こおげ花御所柿 | 第3類 果実類 かき |
| 73 | 浄法寺漆 | 第38類 漆類 荒味漆、生漆 |
| 74 | 菊池水田ごぼう | 第1類 農産物類 野菜類（ごぼう） |
| 75 | つるたスチューベン | 第1類 農産物類 果実類（ぶどう） |
| 76 | 小笹うるい | 第1類 農産物類 野菜類（うるい） |
| 77 | 東京しゃも | 第2類 生鮮肉類 家きん肉（鶏肉、その内臓肉、かわ、がら及びなんこつ） |
| 78 | 佐用もち大豆 | 第1類 農産物類 穀物類（大豆） |
| 79 | いぶりがっこ | 第5類 農産加工品類 野菜加工品類（野菜漬物（たくあん漬け）） |
| 80 | 大栄西瓜 | 第1類 農産物類 野菜類（すいか） |
| 81 | 津南の雪下にんじん | 第1類 農産物類 野菜類（にんじん） |
| 82 | 善通寺産四角スイカ | 第1類 農産物類 野菜類（すいか） |
| 83 | 比婆牛 | 第2類 生鮮肉類 牛肉 |
| 84 | 豊島タチウオ | 第4類 水産物類 魚類（たちうお） |
| 85 | 伊吹そば | 第1類 農産物類 穀物類（そば） |
| 86 | 今金男しゃく | 第1類 農産物類 野菜類（馬鈴しょ） |
| 87 | 東出雲のまる畑ほし柿 | 第5類 農産加工品類 果実加工品類（干柿） |

| 特定農林水産物等の生産地 | 登録日 |
|---|---|
| 茨城県久慈郡大子町、常陸大宮市、常陸太田市、高萩市 | 2018年12月27日 |
| 鳥取県八頭郡八頭町 | 2018年12月27日 |
| 岩手県全域、青森県三戸郡、八戸市、十和田市、秋田県鹿角郡小坂町、鹿角市、大館市 | 2018年12月27日 |
| 熊本県菊池市、合志市、菊池郡大津町、菊池郡菊陽町 | 2019年3月20日 |
| 青森県北津軽郡鶴田町、板柳町（小幡、野中、掛落林、柏木、牡丹森）、五所川原市七ツ館、つがる市柏桑野木田 | 2019年3月20日 |
| 山形県上山市東地区、本庄地区の一部 | 2019年3月20日 |
| 東京都 | 2019年5月8日 |
| 兵庫県佐用郡佐用町 | 2019年5月8日 |
| 秋田県 | 2019年5月8日 |
| 鳥取県東伯郡北栄町、琴浦町、倉吉市 | 2019年6月14日 |
| 新潟県中魚沼郡津南町 | 2019年6月14日 |
| 香川県善通寺市 | 2019年6月14日 |
| 広島県 | 2019年9月9日 |
| 広島県呉市豊浜町豊島沖周辺海域 | 2019年9月9日 |
| 滋賀県米原市 | 2019年9月9日 |
| 北海道瀬棚郡今金町および久遠郡せたな町 | 2019年9月9日 |
| 島根県松江市東出雲町上意東畑地区 | 2019年12月10日 |

| 登録番号 | 名称 | 特定農林水産物等の区分 |
|---|---|---|
| 88 | 田浦銀太刀 | 第4類 水産物類 魚類（たちうお） |
| 89 | 大野あさり | 第4類 水産物類 貝類（あさり） |
| 90 | 大鰐温泉もやし | 第1類 農産物類 野菜類（もやし） |
| 91 | 三瓶そば | 第1類 農産物類 穀物類（そば） |
| 92 | 檜山海参 | 第7類 水産加工品類 加工魚介類（干しなまこ） |
| 93 | 大竹いちじく | 第1類 農産物類 果実類（いちじく） |
| 94 | 八代特産晩白柚 | 第1類 農産物類 果実類（晩白柚） |
| 95 | 八代生姜 | 第1類 農産物類 野菜類（しょうが） |
| 96 | 物部ゆず | 第1類 農産物類 果実類（ゆず） |
| 97 | 福山のくわい | 第1類 農産物類 野菜類（くわい） |
| 98 | 富山干柿 | 第5類 農産加工品類 果実加工品類（干柿） |
| 99 | 山形ラ・フランス | 第1類 農産物類 果実類（なし） |
| 100 | 徳地やまのいも | 第1類 農産物類 野菜類（やまのいも） |
| 101 | 網走湖産しじみ貝 | 第4類 水産物類 貝類（しじみ） |
| 102 | えらぶゆり | 第12類 観賞用の植物類 切花（ゆり） |
| 103 | 西浦みかん寿太郎 | 第1類 農産物類 果実類（うんしゅうみかん） |

| 特定農林水産物等の生産地 | 登録日 |
|---|---|
| 熊本県葦北郡芦北町田浦沖およびその周辺海域（八代海） | 2019年12月10日 |
| 広島県廿日市市 | 2019年12月10日 |
| 青森県南津軽郡大鰐町 | 2020年3月30日 |
| 島根県大田市三瓶町および山口町 | 2020年3月30日 |
| 北海道久遠郡せたな町、二海郡八雲町、爾志郡乙部町、檜山郡江差町および上ノ国町、奥尻郡奥尻町 | 2020年3月30日 |
| 秋田県にかほ市 | 2020年3月30日 |
| 熊本県八代市、熊本県八代郡氷川町 | 2020年3月30日 |
| 熊本県八代市、八代郡氷川町、宇城市小川町海東地区、下益城郡美里町中央地区 | 2020年3月30日 |
| 高知県香美市 | 2020年6月29日 |
| 広島県福山市 | 2020年6月29日 |
| 2004年10月31日時点における行政区画名としての富山県西礪波郡福光町および東礪波郡城端町（現在の富山県南砺市内の一部） | 2020年8月19日 |
| 山形県 | 2020年8月19日 |
| 2005年9月30日における行政区画名としての山口県佐波郡徳地町（現山口県山口市徳地地区） | 2020年11月18日 |
| 北海道網走市および網走郡大空町 | 2020年11月18日 |
| 鹿児島県大島郡和泊町および知名町 | 2020年11月18日 |
| 静岡県沼津市三浦（さんうら）地区（静浦、内浦、西浦） | 2020年11月18日 |

| 登録番号 | 名称 | 特定農林水産物等の区分 |
|---|---|---|
| 104 | 河北せり | 第1類 農産物類 野菜類（せり） |
| 105 | 清水森ナンバ | 第1類 農産物類 野菜類及び香辛料原料作物（トウガラシ）、第8類 調味料類 香辛料（トウガラシ） |
| 106 | 甲子柿 | 第1類 農産物類 果実類（かき） |
| 107 | ルックガン ライチ | 第1類 農産物類 果実類（ライチ） |
| 108 | わかやま布引だいこん | 第1類 農産物類 野菜類（だいこん） |
| 109 | 大口れんこん | 第1類 農産物類 野菜類（れんこん） |
| 110 | ビントゥアン ドラゴンフルーツ | 第1類 農産物類 果実類（ドラゴンフルーツ） |
| 111 | くまもと塩トマト | 第1類 農産物類 野菜類（トマト） |
| 112 | 氷見稲積梅 | 第1類 農産物類 果実類（うめ） |

| 特定農林水産物等の生産地 | 登録日 |
|---|---|
| 2005年3月31日における行政区画名としての宮城県桃生郡河北町（現宮城県石巻市相野谷、中島、皿貝、馬鞍および小船越） | 2020年12月23日 |
| 青森県弘前市、平川市、中津軽郡西目屋村、南津軽郡田舎館村および大鰐町 | 2020年12月23日 |
| 岩手県釜石市 | 2021年3月12日 |
| ベトナム国バックジャン省ルックガン県のチュ町、ギアホーコミューン（現「チュ町」）、ドンコックコミューン、ビエンソンコミューン、ビエンドンコミューン、ジャップソンコミューン、ホンジャンコミューン、キエンラオコミューン、キエンタインコミューン、ミーアンコミューン、ナムズオンコミューン、フィディエンコミューン、フオンソンコミューン、クィソンコミューン、タンホアコミューン、タンラップコミューン、タンモックコミューン、タンクアンコミューン、タインハイコミューンおよびツーフウコミューン | 2021年3月12日 |
| 和歌山県和歌山市布引地区、内原地区、紀三井寺地区、毛見地区 | 2021年5月31日 |
| 新潟県長岡市中之島上通地区 | 2021年5月31日 |
| ベトナム国ビントゥアン省のハムタン県、ハムトゥアンナム県、ハムトゥアンバック県、バックビン県およびファンティエット市 | 2021年10月7日 |
| 熊本県八代市、八代郡氷川町および宇城市の干拓地 | 2021年10月7日 |
| 富山県氷見市 | 2022年2月3日 |

| 登録番号 | 名称 | 特定農林水産物等の区分 |
|---|---|---|
| 113 | 阿久津曲がりねぎ | 第1類 農産物類 野菜類（ねぎ） |
| 114 | 広田湾産イシカゲ貝 | 第4類 水産食品 貝類（エゾイシカゲガイ） |
| 115 | 種子島安納いも | 第1類 農産物類 野菜類（さつまいも） |
| 116 | 豊橋なんぶとうがん | 第1類 農産物類 野菜類（冬瓜） |
| 117 | はかた地どり | 第2類 生鮮肉類 家きん肉（鶏肉、その内臓肉、かわ、がら及びなんこつ） |
| 118 | 川俣シャモ | 第2類 生鮮肉類 家きん肉（鶏肉、その内臓肉、かわ、がら及びなんこつ） |
| 119 | あけぼの大豆 | 第1類 農産物類 野菜類（えだまめ）、穀物類（大豆） |
| 120 | ところピンクにんにく | 第1類 農産物類 野菜類（にんにく） |
| 121 | 女山大根 | 第1類 農産物類 野菜類（だいこん） |
| 122 | 近江日野産日野菜 | 第1類 農産物類 野菜類（かぶ） |

（出典）　農林水産省ウェブサイト（https://www.maff.go.jp/j/shokusan/gi_act/

| 特定農林水産物等の生産地 | 登録日 |
|---|---|
| 福島県郡山市 | 2022年2月3日 |
| 岩手県陸前高田市広田湾 | 2022年2月3日 |
| 鹿児島県西之表市、熊毛郡中種子町および南種子町 | 2022年3月2日 |
| 愛知県豊橋市 | 2022年3月2日 |
| 福岡県 | 2022年3月31日 |
| 福島県伊達郡川俣町 | 2022年3月31日 |
| 山梨県南巨摩郡身延町 | 2022年3月31日 |
| 北海道北見市常呂町 | 2022年3月31日 |
| 佐賀県多久市西多久町 | 2022年6月29日 |
| 滋賀県蒲生郡日野町 | 2022年10月21日 |

register/index.html）を基に筆者作成

## 巻末資料2　GIviewに掲載されている日本GI
〈日本側では農林水産省と国税庁の所管〉

| 優先日 | 産品の種類 | 産品の名称 | |
|---|---|---|---|
| 2019年2月1日<br>55産品 | 食品<br>47産品 | あおもりカシス | 小川原湖産大和しじみ |
| | | くまもと県産い草 | 岩手野田村荒海ホタテ |
| | | くろさき茶豆 | 市田柿 |
| | | すんき | 木頭ゆず |
| | | みやぎサーモン | 東根さくらんぼ |
| | | 万願寺甘とう | 桜島小みかん |
| | | 三島馬鈴薯 | 特産松阪牛 |
| | | 三輪素麺 | 琉球もろみ酢 |
| | | 上庄さといも | 田子の浦しらす |
| | | 下関ふく | 神戸ビーフ／神戸肉／神戸牛 |
| | | 但馬牛／但馬ビーフ | 米沢牛 |
| | | 入善ジャンボ西瓜 | 紀州金山寺味噌 |
| | | 八丁味噌 | 美東ごぼう |
| | | 八女伝統本玉露 | 能登志賀ころ柿 |
| | | 前沢牛 | 若狭小浜小鯛ささ漬 |
| | | 加賀丸いも | 辺塚だいだい |
| | | 十三湖産大和しじみ | 近江牛 |
| | | 十勝川西長いも | 連島ごぼう |
| | | 堂上蜂屋柿 | 飯沼栗 |
| | | 夕張メロン | 香川小原紅早生みかん |

| | | | |
|---|---|---|---|
| | | 大分かぼす | 鳥取砂丘らっきょう／ふくべ砂丘らっきょう |
| | | 大館とんぶり | 鹿児島の壺造り黒酢 |
| | | 奥飛騨山之村寒干し大根 | 鹿児島黒牛 |
| | | 宮崎牛 | |
| | ぶどう酒1産品 | 山梨 | |
| | 蒸留酒4産品 | 壱岐 | 琉球 |
| | | 球磨 | 薩摩 |
| | その他3産品 | 山形 | 白山 |
| | | 日本酒 | |
| 2021年2月1日28産品 | 食品25産品 | いぶりがっこ | 対州そば |
| | | くまもとあか牛 | 小笹うるい |
| | | こおげ花御所柿 | 山形セルリー |
| | | つるたスチューベン | 岩出山凍り豆腐／岩出山名産凍り豆腐 |
| | | ヤマダイかんしょ | 東京しゃも |
| | | 二子さといも／二子いものこ | 東出雲のまる畑ほし柿 |
| | | 伊吹そば／伊吹在来そば | 松館しぼり大根 |
| | | 佐用もち大豆 | 比婆牛 |
| | | 南郷トマト | 水戸の柔甘ねぎ |
| | | 善通寺産四角スイカ | 津南の雪下にんじん |
| | | 大山ブロッコリー | 菊池水田ごぼう |

| | | 大栄西瓜 | 越前がに／越前かに |
|---|---|---|---|
| | | 奥久慈しゃも | |
| | ぶどう酒<br>1産品 | 北海道 | |
| | その他<br>2産品 | はりま | 灘五郷 |
| 2022年2月1日<br>28産品 | 食品<br>23産品 | えらぶゆり | 新里ねぎ |
| | | ひばり野オクラ | 檜山海参 |
| | | 今金男しゃく | 江戸崎かぼちゃ／江戸崎カボチャ／江戸崎南瓜 |
| | | 八代特産晩白柚 | 河北せり |
| | | 八代生姜 | 清水森ナンバ |
| | | 吉川ナス | 物部ゆず |
| | | 大竹いちじく | 田浦銀太刀 |
| | | 大野あさり | 甲子柿 |
| | | 大鰐温泉もやし | 福山のくわい |
| | | 富山干柿 | 網走湖産しじみ貝 |
| | | 山形ラ・フランス | 西浦みかん寿太郎 |
| | | 徳地やまのいも | |
| | その他<br>5産品 | 三重 | 山梨 |
| | | 利根沼田 | 萩 |
| | | 和歌山梅酒 | |

（出典） GIviewウェブサイト（https://www.tmdn.org/giview/gi/search）を基
　　　　に筆者作成

## 巻末資料3　国が指定した伝統的工芸品240品目 (2022年11月16日時点)
### 〈経済産業省所管〉

| 業種 | 品目名 | 都道府県 | 指定年月日 |
|---|---|---|---|
| 織物<br>38品目 | 二風谷アットゥシ | 北海道 | 2013年 3 月 8 日 |
| | 置賜紬 | 山形県 | 1976年 2 月26日 |
| | 羽越しな布 | 山形県、新潟県 | 2005年 9 月22日 |
| | 奥会津昭和からむし織 | 福島県 | 2017年11月30日 |
| | 結城紬 | 茨城県、栃木県 | 1977年 3 月30日 |
| | 伊勢崎絣 | 群馬県 | 1975年 5 月10日 |
| | 桐生織 | 群馬県 | 1977年10月14日 |
| | 秩父銘仙 | 埼玉県 | 2013年12月26日 |
| | 村山大島紬 | 東京都 | 1975年 2 月17日 |
| | 本場黄八丈 | 東京都 | 1977年10月14日 |
| | 多摩織 | 東京都 | 1980年 3 月 3 日 |
| | 塩沢紬 | 新潟県 | 1975年 2 月17日 |
| | 小千谷縮 | 新潟県 | 1975年 9 月 4 日 |
| | 本塩沢 | 新潟県 | 1976年12月15日 |
| | 十日町絣 | 新潟県 | 1982年11月 1 日 |
| | 十日町明石ちぢみ | 新潟県 | 1982年11月 1 日 |
| | 信州紬 | 長野県 | 1975年 2 月17日 |
| | 牛首紬 | 石川県 | 1988年 6 月 9 日 |
| | 近江上布 | 滋賀県 | 1977年 3 月30日 |
| | 西陣織 | 京都府 | 1976年 2 月26日 |
| | 弓浜絣 | 鳥取県 | 1975年 9 月 4 日 |

| | | | |
|---|---|---|---|
| | 阿波正藍しじら織 | 徳島県 | 1978年 7 月22日 |
| | 博多織 | 福岡県 | 1976年 6 月14日 |
| | 久留米絣 | 福岡県 | 1976年 6 月 2 日 |
| | 本場大島紬 | 宮崎県、鹿児島県 | 1975年 2 月17日 |
| | 久米島紬 | 沖縄県 | 1975年 2 月17日 |
| | 宮古上布 | 沖縄県 | 1975年 2 月17日 |
| | 読谷山花織 | 沖縄県 | 1976年 6 月 2 日 |
| | 読谷山ミンサー | 沖縄県 | 1976年 6 月 2 日 |
| | 琉球絣 | 沖縄県 | 1983年 4 月27日 |
| | 首里織 | 沖縄県 | 1983年 4 月27日 |
| | 与那国織 | 沖縄県 | 1987年 4 月18日 |
| | 喜如嘉の芭蕉布 | 沖縄県 | 1988年 6 月 9 日 |
| | 八重山ミンサー | 沖縄県 | 1989年 4 月11日 |
| | 八重山上布 | 沖縄県 | 1989年 4 月11日 |
| | 知花花織 | 沖縄県 | 2012年 7 月25日 |
| | 南風原花織 | 沖縄県 | 2017年 1 月26日 |
| 染色品 13品目 | 東京染小紋 | 東京都 | 1976年 6 月 2 日 |
| | 東京手描友禅 | 東京都 | 1980年 3 月 3 日 |
| | 東京無地染 | 東京都 | 2017年11月30日 |
| | 加賀友禅 | 石川県 | 1975年 5 月10日 |
| | 有松・鳴海絞 | 愛知県 | 1975年 9 月 4 日 |
| | 名古屋友禅 | 愛知県 | 1983年 4 月27日 |
| | 名古屋黒紋付染 | 愛知県 | 1983年 4 月27日 |
| | 京鹿の子絞 | 京都府 | 1976年 2 月26日 |

| | 京友禅 | 京都府 | 1976年6月2日 |
|---|---|---|---|
| | 京小紋 | 京都府 | 1976年6月2日 |
| | 京黒紋付染 | 京都府 | 1979年8月3日 |
| | 琉球びんがた | 沖縄県 | 1984年5月31日 |
| | 浪華本染め | 大阪府 | 2019年11月20日 |
| その他の繊維製品<br>5品目 | 加賀繍 | 石川県 | 1991年5月20日 |
| | 伊賀くみひも | 三重県 | 1976年12月15日 |
| | 京繍 | 京都府 | 1976年12月15日 |
| | 京くみひも | 京都府 | 1976年12月15日 |
| | 行田足袋 | 埼玉県 | 2019年11月20日 |
| 陶磁器<br>32品目 | 大堀相馬焼 | 福島県 | 1978年2月6日 |
| | 会津本郷焼 | 福島県 | 1993年7月2日 |
| | 笠間焼 | 茨城県 | 1992年10月8日 |
| | 益子焼 | 栃木県 | 1979年8月3日 |
| | 九谷焼 | 石川県 | 1975年5月10日 |
| | 美濃焼 | 岐阜県 | 1978年7月22日 |
| | 常滑焼 | 愛知県 | 1976年6月2日 |
| | 赤津焼 | 愛知県 | 1977年3月30日 |
| | 瀬戸染付焼 | 愛知県 | 1997年5月14日 |
| | 三州鬼瓦工芸品 | 愛知県 | 2017年11月30日 |
| | 四日市萬古焼 | 三重県 | 1979年1月12日 |
| | 伊賀焼 | 三重県 | 1982年11月1日 |
| | 越前焼 | 福井県 | 1986年3月12日 |
| | 信楽焼 | 滋賀県 | 1975年9月4日 |
| | 京焼・清水焼 | 京都府 | 1977年3月20日 |

| | | |
|---|---|---|
| 丹波立杭焼 | 兵庫県 | 1978年 2 月 6 日 |
| 出石焼 | 兵庫県 | 1980年 3 月 3 日 |
| 石見焼 | 島根県 | 1994年 4 月 4 日 |
| 備前焼 | 岡山県 | 1982年11月 1 日 |
| 萩焼 | 山口県 | 2002年 1 月30日 |
| 大谷焼 | 徳島県 | 2003年 9 月10日 |
| 砥部焼 | 愛媛県 | 1976年12月15日 |
| 小石原焼 | 福岡県 | 1975年 5 月10日 |
| 上野焼 | 福岡県 | 1983年 4 月27日 |
| 伊万里・有田焼 | 佐賀県 | 1977年10月14日 |
| 唐津焼 | 佐賀県 | 1988年 6 月 9 日 |
| 三川内焼 | 長崎県 | 1978年 2 月 6 日 |
| 波佐見焼 | 長崎県 | 1978年 2 月 6 日 |
| 小代焼 | 熊本県 | 2003年 3 月17日 |
| 天草陶磁器 | 熊本県 | 2003年 3 月17日 |
| 薩摩焼 | 鹿児島 | 2002年 1 月30日 |
| 壺屋焼 | 沖縄県 | 1976年 6 月 2 日 |
| 漆器<br>23品目 | 津軽塗 | 青森県 | 1975年 5 月10日 |
| | 秀衡塗 | 岩手県 | 1985年 5 月22日 |
| | 浄法寺塗 | 岩手県 | 1985年 5 月22日 |
| | 鳴子漆器 | 宮城県 | 1991年 5 月20日 |
| | 川連漆器 | 秋田県 | 1976年12月15日 |
| | 会津塗 | 福島県 | 1975年 5 月10日 |
| | 鎌倉彫 | 神奈川 | 1979年 1 月12日 |
| | 小田原漆器 | 神奈川 | 1984年 5 月31日 |

| | 村上木彫堆朱 | 新潟県 | 1976年2月26日 |
|---|---|---|---|
| | 新潟漆器 | 新潟県 | 2003年3月17日 |
| | 木曽漆器 | 長野県 | 1975年2月17日 |
| | 高岡漆器 | 富山県 | 1975年9月4日 |
| | 輪島塗 | 石川県 | 1975年5月10日 |
| | 山中漆器 | 石川県 | 1975年5月10日 |
| | 金沢漆器 | 石川県 | 1980年3月3日 |
| | 飛騨春慶 | 岐阜県 | 1975年2月17日 |
| | 越前漆器 | 福井県 | 1975年5月10日 |
| | 若狭塗 | 福井県 | 1978年2月6日 |
| | 京漆器 | 京都府 | 1976年2月26日 |
| | 紀州漆器 | 和歌山 | 1978年2月6日 |
| | 大内塗 | 山口県 | 1989年4月11日 |
| | 香川漆器 | 香川県 | 1976年2月26日 |
| | 琉球漆器 | 沖縄県 | 1986年3月12日 |
| 木工品・竹工品33品目 | 二風谷イタ | 北海道 | 2013年3月8日 |
| | 岩谷堂箪笥 | 岩手県 | 1982年3月5日 |
| | 仙台箪笥 | 宮城県 | 2015年6月18日 |
| | 樺細工 | 秋田県 | 1976年2月26日 |
| | 大館曲げわっぱ | 秋田県 | 1980年10月16日 |
| | 秋田杉桶樽 | 秋田県 | 1984年5月31日 |
| | 奥会津編み組細工 | 福島県 | 2003年9月10日 |
| | 春日部桐箪笥 | 埼玉県 | 1979年8月3日 |
| | 江戸和竿 | 東京都 | 1991年5月20日 |
| | 江戸指物 | 東京都 | 1997年5月14日 |

| | | | |
|---|---|---|---|
| | 箱根寄木細工 | 神奈川 | 1984年 5 月31日 |
| | 加茂桐箪笥 | 新潟県 | 1976年12月15日 |
| | 松本家具 | 長野県 | 1976年 2 月26日 |
| | 南木曽ろくろ細工 | 長野県 | 1980年 3 月 3 日 |
| | 駿河竹千筋細工 | 静岡県 | 1976年12月15日 |
| | 井波彫刻 | 富山県 | 1975年 5 月10日 |
| | 一位一刀彫 | 岐阜県 | 1975年 5 月10日 |
| | 岐阜和傘 | 岐阜県 | 2022年 3 月18日 |
| | 名古屋桐箪笥 | 愛知県 | 1981年 6 月22日 |
| | 越前箪笥 | 福井県 | 2013年12月26日 |
| | 京指物 | 京都府 | 1976年 6 月 2 日 |
| | 大阪欄間 | 大阪府 | 1975年 9 月 4 日 |
| | 大阪唐木指物 | 大阪府 | 1977年10月14日 |
| | 大阪泉州桐箪笥 | 大阪府 | 1989年 4 月11日 |
| | 大阪金剛簾 | 大阪府 | 1996年 4 月 8 日 |
| | 豊岡杞柳細工 | 兵庫県 | 1992年10月 8 日 |
| | 高山茶筌 | 奈良県 | 1975年 5 月10日 |
| | 紀州箪笥 | 和歌山 | 1987年 4 月18日 |
| | 紀州へら竿 | 和歌山 | 2013年 3 月 8 日 |
| | 勝山竹細工 | 岡山県 | 1979年 8 月 3 日 |
| | 宮島細工 | 広島県 | 1982年11月 1 日 |
| | 別府竹細工 | 大分県 | 1979年 8 月 3 日 |
| | 都城大弓 | 宮崎県 | 1994年 4 月 4 日 |
| 金工品 16品目 | 南部鉄器 | 岩手県 | 1975年 2 月17日 |
| | 山形鋳物 | 山形県 | 1975年 2 月17日 |

| | 千葉工匠具 | 千葉県 | 2017年11月30日 |
|---|---|---|---|
| | 東京銀器 | 東京都 | 1979年 1 月12日 |
| | 東京アンチモニー工芸品 | 東京都 | 2015年 6 月18日 |
| | 燕鎚起銅器 | 新潟県 | 1981年 6 月22日 |
| | 越後与板打刃物 | 新潟県 | 1986年 3 月12日 |
| | 越後三条打刃物 | 新潟県 | 2009年 4 月28日 |
| | 信州打刃物 | 長野県 | 1982年 3 月 5 日 |
| | 高岡銅器 | 富山県 | 1975年 2 月17日 |
| | 越前打刃物 | 福井県 | 1979年 1 月12日 |
| | 堺打刃物 | 大阪府 | 1982年 3 月 5 日 |
| | 大阪浪華錫器 | 大阪府 | 1983年 4 月27日 |
| | 播州三木打刃物 | 兵庫県 | 1996年 4 月 8 日 |
| | 土佐打刃物 | 高知県 | 1998年 5 月 6 日 |
| | 肥後象がん | 熊本県 | 2003年 3 月17日 |
| 仏壇・仏具 17品目 | 山形仏壇 | 山形県 | 1980年 3 月 3 日 |
| | 新潟・白根仏壇 | 新潟県 | 1980年10月16日 |
| | 長岡仏壇 | 新潟県 | 1980年10月16日 |
| | 三条仏壇 | 新潟県 | 1980年10月16日 |
| | 飯山仏壇 | 長野県 | 1975年 9 月 4 日 |
| | 金沢仏壇 | 石川県 | 1976年 6 月 2 日 |
| | 七尾仏壇 | 石川県 | 1978年 7 月22日 |
| | 名古屋仏壇 | 愛知県 | 1976年12月15日 |
| | 尾張仏具 | 愛知県 | 2017年 1 月26日 |
| | 三河仏壇 | 愛知県 | 1976年12月15日 |

| | | | |
|---|---|---|---|
| | 彦根仏壇 | 滋賀県 | 1975年 5 月10日 |
| | 京仏壇 | 京都府 | 1976年 2 月26日 |
| | 京仏具 | 京都府 | 1976年 2 月26日 |
| | 大阪仏壇 | 大阪府 | 1982年11月 1 日 |
| | 広島仏壇 | 広島県 | 1978年 2 月 6 日 |
| | 八女福島仏壇 | 福岡県 | 1977年 3 月30日 |
| | 川辺仏壇 | 鹿児島 | 1975年 5 月10日 |
| 和紙<br>9品目 | 内山紙 | 長野県 | 1976年 6 月 2 日 |
| | 越中和紙 | 富山県 | 1988年 6 月 9 日 |
| | 美濃和紙 | 岐阜県 | 1985年 5 月22日 |
| | 越前和紙 | 福井県 | 1976年 6 月 2 日 |
| | 因州和紙 | 鳥取県 | 1975年 5 月10日 |
| | 石州和紙 | 島根県 | 1989年 4 月11日 |
| | 阿波和紙 | 徳島県 | 1976年12月15日 |
| | 大洲和紙 | 愛媛県 | 1977年10月14日 |
| | 土佐和紙 | 高知県 | 1976年12月15日 |
| 文具<br>10品目 | 雄勝硯 | 宮城県 | 1985年 5 月22日 |
| | 豊橋筆 | 愛知県 | 1976年12月15日 |
| | 鈴鹿墨 | 三重県 | 1980年10月16日 |
| | 播州そろばん | 兵庫県 | 1976年 6 月 2 日 |
| | 奈良筆 | 奈良県 | 1977年10月14日 |
| | 奈良墨 | 奈良県 | 2018年11月 7 日 |
| | 雲州そろばん | 島根県 | 1985年 5 月22日 |
| | 熊野筆 | 広島県 | 1975年 5 月10日 |
| | 川尻筆 | 広島県 | 2004年 8 月31日 |

| | 赤間硯 | 山口県 | 1976年12月15日 |
|---|---|---|---|
| 石工品<br>4品目 | 真壁石燈籠 | 茨城県 | 1995年4月5日 |
| | 岡崎石工品 | 愛知県 | 1979年8月3日 |
| | 京石工芸品 | 京都府 | 1982年3月5日 |
| | 出雲石燈ろう | 鳥取県、島根県 | 1976年6月2日 |
| 貴石細工<br>2品目 | 甲州水晶貴石細工 | 山梨県 | 1976年6月2日 |
| | 若狭めのう細工 | 福井県 | 1976年6月2日 |
| 人形・こけし<br>10品目 | 宮城伝統こけし | 宮城県 | 1981年6月22日 |
| | 江戸木目込人形 | 東京都、埼玉県 | 1978年2月6日 |
| | 岩槻人形 | 埼玉県 | 2007年3月9日 |
| | 江戸節句人形 | 東京都 | 2007年3月9日 |
| | 駿河雛具 | 静岡県 | 1994年4月4日 |
| | 駿河雛人形 | 静岡県 | 1994年4月4日 |
| | 京人形 | 京都府 | 1986年3月2日 |
| | 博多人形 | 福岡県 | 1976年2月26日 |
| | 江戸押絵 | 埼玉県、東京都、神奈川県 | 1989年11月20日 |
| | 名古屋節句飾 | 岐阜県、愛知県 | 2021年1月15日 |
| その他の工芸品<br>25品目 | 天童将棋駒 | 山形県 | 1996年4月8日 |
| | 房州うちわ | 千葉県 | 2003年3月17日 |
| | 江戸からかみ | 東京都 | 1999年5月13日 |
| | 江戸切子 | 東京都 | 2002年1月30日 |
| | 江戸木版画 | 東京都 | 2007年3月9日 |
| | 江戸硝子 | 東京都 | 2014年11月26日 |
| | 江戸べっ甲 | 東京都 | 2015年6月18日 |

| | | | |
|---|---|---|---|
| | 甲州印伝 | 山梨県 | 1987年 4 月18日 |
| | 甲州手彫印章 | 山梨県 | 2000年 7 月31日 |
| | 越中福岡の菅笠 | 富山県 | 2017年11月30日 |
| | 岐阜提灯 | 岐阜県 | 1995年 4 月 5 日 |
| | 尾張七宝 | 愛知県 | 1995年 4 月 5 日 |
| | 京扇子 | 京都府 | 1977年10月14日 |
| | 京うちわ | 京都府 | 1977年10月14日 |
| | 京表具 | 京都府 | 1997年 5 月14日 |
| | 播州毛鉤 | 兵庫県 | 1987年 4 月18日 |
| | 福山琴 | 広島県 | 1985年 5 月22日 |
| | 丸亀うちわ | 香川県 | 1997年 5 月14日 |
| | 八女提灯 | 福岡県 | 2001年 7 月 3 日 |
| | 山鹿灯籠 | 熊本県 | 2013年12月26日 |
| | 長崎べっ甲 | 長崎県 | 2017年 1 月26日 |
| | 三線 | 沖縄県 | 2018年11月 7 日 |
| | 東京三味線 | 東京都 | 2022年11月16日 |
| | 東京琴 | 東京都 | 2022年11月16日 |
| | 江戸表具 | 東京都 | 2022年11月16日 |
| 工芸材料・工芸用具 3品目 | 庄川挽物木地 | 富山県 | 1978年 7 月14日 |
| | 金沢箔 | 石川県 | 1977年 6 月 8 日 |
| | 伊勢形紙 | 三重県 | 1983年 4 月27日 |

（出典）　経済産業省ウェブサイト（https://www.meti.go.jp/policy/mono_info_
service/mono/nichiyo-densan/index.html）を基に筆者作成

■ 著者略歴 ■

**生越　由美**（おごせ・ゆみ）

東京理科大学大学院教授

1959年生まれ、1982年東京理科大学薬学部卒業後、通商産業省（現経済産業省）特許庁入庁。

2003年10月、政策研究大学院大学助教授。

2005年4月より現職。

2007年には知的戦略本部コンテンツ・日本ブランド専門調査会委員、内閣府総合科学技術会議産学官連携功労者表彰選考委員、農林水産技術会議専門委員、総務省独立行政法人評価委員会・情報通信・宇宙開発分科会などを務めている。

2008年2月26日に『クローズアップ現代』に出演、2008年4月〜2013年9月は放送大学で講義。

財団法人機械産業記念事業団第1回知的財産学術奨励賞（日本知財学会特別賞）受賞。

情報セキュリティ大学院大学客員教授、弁理士。

専門は、知財政策、知財戦略、地域資源と文化、先端技術と伝統技術など。

著書は、『社会と知的財産（放送大学教材：分担執筆）』（放送大学教育振興会、2008年）、『デジタル時代の知的資産マネジメント（分担執筆）』（白桃書房、2008年）など多数。

**263**

KINZAI バリュー叢書

地理的表示保護制度の活用戦略
──地名と歴史を販売戦略に活かす

2023年3月31日　第1刷発行

著　者　生　越　由　美
発行者　加　藤　一　浩

〒160-8520　東京都新宿区南元町19
発　行　所　一般社団法人 金融財政事情研究会
企画・制作・販売　株式会社きんざい
編　集　室　TEL 03(3355)2251　FAX 03(3357)7416
販売受付　TEL 03(3358)2891　FAX 03(3358)0037
URL https://www.kinzai.jp/

DTP・校正：株式会社友人社／印刷：株式会社日本制作センター

ISBN978-4-322-14248-8